Hello!
Python
程式設計

> **● 下載說明 ●**
>
> 本書範例程式、習題解答請至 http://books.gotop.com.tw/download/AEL027900 下載，檔案為 ZIP 格式，請讀者自行解壓縮即可。其內容僅供合法持有本書的讀者使用，未經授權不得抄襲、轉載或任意散佈。

Chapter 01　第一個程式

1.1　認識 Python 語言 1-2
　　1.1.1　程式語言簡介 1-2
　　1.1.2　Python 簡介 1-3

1.2　Python 開發環境 1-5
　　1.2.1　官方版 Python 1-5
　　1.2.2　Anaconda 發行版 1-7
　　1.2.3　雲端開發環境 1-10

1.3　設計第一個程式 1-10
　　1.3.1　程式設計的步驟 1-10
　　1.3.2　基本輸出語法 1-11
　　1.3.3　基本輸入語法 1-13
　　1.3.4　程式的轉譯 1-15
　　1.3.5　程式除錯 1-15

Chapter 02　變數與運算式

2.1　認識變數 2-2
　　2.1.1　變數的意義 2-2
　　2.1.2　變數的命名 2-3

2.2　資料型態與資料轉換 2-4

	2.2.1	基本資料型態 2-4
	2.2.2	資料型態轉換 2-5
2.3	輸入與輸出函式 2-6
	2.3.1	輸入函式 2-6
	2.3.2	輸出函式 2-8
2.4	運算式與運算子 2-11
	2.4.1	指定運算子（＝）.. 2-11
	2.4.2	算術運算子（＋ － ＊ / // % **）................ 2-16
	2.4.3	複合指定運算子（+= -= *= /= //= %= **=）.... 2-24
	2.4.4	關係運算子（== != > < >= <= in not in）.... 2-28
	2.4.5	邏輯運算子（and or not）........................ 2-29

Chapter 03　循序結構與選擇結構

3.1	結構化程式設計的概念 3-2
	3.1.1　程式流程控制 3-2
	3.1.2　循序結構 3-3
3.2	單向選擇結構（if 指令）.. 3-3
3.3	雙向選擇結構（if - else 指令）............................ 3-9
3.4	巢狀選擇結構 3-14
3.5	多向選擇結構（if - elif 指令）............................ 3-18
3.6	APCS 實作題 3-26

Chapter 04　重複結構

4.1	for 迴圈 4-2
	4.1.1　認識迴圈 4-2

4.1.2　認識 range() 函式 4-3
　　　4.1.3　設計 for 迴圈 4-4
4.2　for 雙重迴圈 4-19
　　　4.2.1　認識雙重迴圈 4-19
　　　4.2.2　設計雙重迴圈 4-19
4.3　while 迴圈 4-33
4.4　改變迴圈的執行 4-42
　　　4.4.1　break 跳離迴圈 4-42
　　　4.4.2　continue 跳回迴圈開頭 4-43
4.5　APCS 實作題 4-48

Chapter 05　字串

5.1　字串的基本概念 5-2
　　　5.1.1　字串的特性 5-2
　　　5.1.2　字串的表示 5-2
　　　5.1.3　字串的儲存 5-5
　　　5.1.4　字串的索引 5-6
　　　5.1.5　格式化輸出 5-7
5.2　字串的操作 5-11
　　　5.2.1　數學運算（+ * == != > >= < <=）................................... 5-11
　　　5.2.2　切片 5-12
　　　5.2.3　成員運算 5-21
　　　5.2.4　字串的遍歷 5-21
5.3　字串的方法或函式 5-30
　　　5.3.1　系統求助說明的使用 5-30
　　　5.3.2　常用方法或函式 5-31

5.3.3 函式的應用 5-34

5.4 APCS 實作題 5-40

Chapter 06　串列

6.1 串列的基本概念 6-2

　6.1.1 認識串列 6-2

　6.1.2 串列的特性 6-4

6.2 串列的操作 6-5

　6.2.1 輸入與輸出串列 6-5

　6.2.2 運算符號 6-6

　6.2.3 建新查改刪 6-7

　6.2.4 串列的遍歷 6-10

6.3 串列的方法或函式 6-22

6.4 APCS 實作題 6-35

Chapter 07　串列的應用與二維串列

7.1 串列的應用─排序 7-2

　7.1.1 氣泡排序 7-2

　7.1.2 排序的方法或函式 7-8

7.2 串列的應用─搜尋 7-11

　7.2.1 循序搜尋 7-11

　7.2.2 二分搜尋 7-15

7.3 二維串列 7-20

　7.3.1 認識二維串列 7-20

　7.3.2 二維串列的表示 7-22

		7.3.3 輸入與輸出 7-25
7.4		APCS 實作題 7-31

Chapter 08　函式

8.1	認識函式 8-2
	8.1.1 模組化程式設計 8-2
	8.1.2 函式的概念 8-2
	8.1.3 內建函式 8-3
8.2	自訂函式 8-4
	8.2.1 定義函式 8-4
	8.2.2 函式回傳值 8-5
	8.2.3 函式參數 8-8
	8.2.4 變數範圍 8-11

第一個程式

本章學習重點

- 認識 Python 語言
- Python 開發環境
- 設計第一個程式

本章學習範例

- 範例 1.3-1 輸出 Hello Python
- 範例 1.3-2 輸入與輸出字串

1.1 認識 Python 語言

1.1.1 程式語言簡介

使用電腦就一定會用到程式，程式是使用程式語言撰寫的。平常使用的軟體，如作業系統、瀏覽器、文書處理、試算表、簡報、防毒、手機應用程式等，都是使用程式語言設計的。

程式語言是人和電腦溝通的工具，就像人與人溝通，需要用英語、華語等，人如果要和電腦溝通，就要使用程式語言。程式設計是使用程式語言，將解決問題的方法設計成電腦能執行的程式（圖 1-1）。

圖 1-1 程式語言與程式設計

電腦硬體只認識機器語言（machine code），機器語言是一長串 0 與 1 的組合，例如：圖 1-2 左是某一電腦的機器語言程式，用來計算兩數之和。

由於機器語言程式不易撰寫，也不易閱讀。為了使程式設計更簡單，程式更容易了解與維護，於是有高階語言（high level language）的發展（圖 1-2 右）。

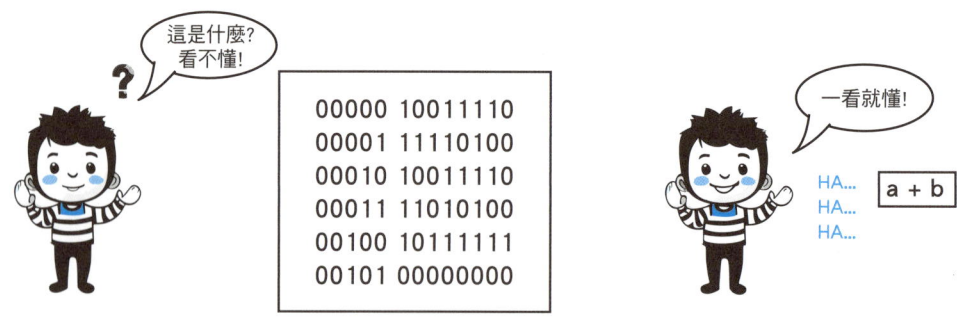

圖 1-2 機器語言與高階語言

高階語言比較接近人類的語言,但它不能直接執行,需轉譯成機器語言後,電腦才能執行。機器語言程式可以直接執行,不需轉譯,所以執行速度較高階語言快。

高階語言有非常多種,如 C、C++、C#、Python、Java、JavaScript、PHP、R、Ruby 等,每種程式語言各有不同的適用場域。雖然各種語言的語法不同,但程式設計的邏輯相近,學會其中一種,很容易轉換到其他種語言。

1.1.2 Python 簡介

Python 是由荷蘭資訊科學家 Guido van Rossum(吉多‧范羅蘇姆)創始的,他認為程式設計應該是容易學習的,程式碼應該容易了解的,因此創建了一種新的程式語言,讓設計者更容易設計程式,也容易擴展既有的程式,後來他將此程式語言以他喜愛的喜劇團 Python 為名。

Python 1.0 在 1991 年推出,2008 年更新到 3.0,目前最新版是 3.xx 版。Python 強調程式碼的可讀性和簡潔的語法,使用空格縮排來劃分程式碼塊,支援結構化、程序式、物件導向等程式設計,目前已成為熱門且重要的程式語言。

Python 廣泛應用於大數據、資料科學、人工智慧、網站開發、遊戲開發、電腦輔助設計等領域(圖 1-3)。學會 Python 程式設計,可提升許多專業領域解決問題的能力,如金融、商管、機械、設計、建築、醫藥、生物科技等,對未來生涯有很大幫助。

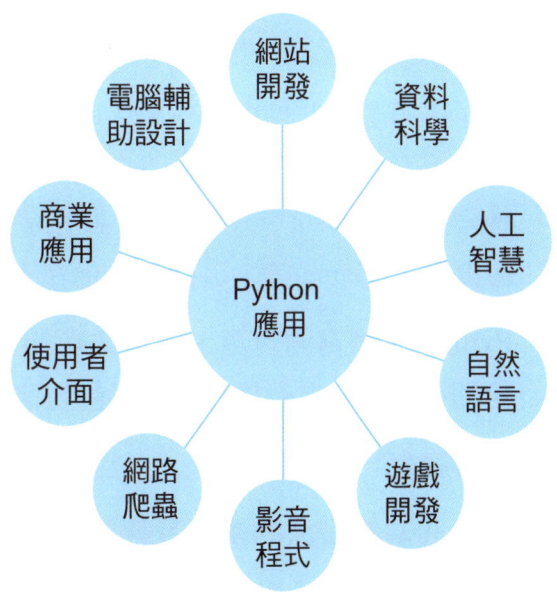

圖 1-3 Python 的應用領域

Python 廣受歡迎的原因，是具有以下特點：

1. **易學易用**

   程式語言最好和日常生活使用的語言一樣，這樣就較容易學習。Python 的語法簡單，接近日常使用的英文，程式架構也接近日常文書的習慣，易學易用，新手容易上手。

2. **語法簡潔**

   相較於其他程式語言，相同的解題方法，使用 Python 寫出來的程式碼，往往可以比較簡潔，可讀性更高。後續的一些實例將可印證使用 Python 設計程式，語法可以很簡潔。

3. **免費開源**

   Python 屬於自由軟體，原始碼是開放的，所以可免費自由使用、複製、散佈、修改，可集合眾人之智慧，不斷優化。

4. **可攜性高**

   Python 可在 Windows、Mac OS、Linux 等不同平台運作，若未使用特定平台的專屬指令，開發的程式無須修改，就能在各種平台上自由運行。

5. **函式庫豐富**

   除了擁有豐富的標準函式庫（library）外，Python 也有大量第三方提供的模組或套件，如網路爬蟲 Scrapy、科學計算 Numpy, Pandas, Matplotlib、機器學習 TensorFlow, Kera、使用者圖形介面 PyGtk, PyQt、多媒體與遊戲開發 PyGame 等，這些套件仍在不斷增加中。

   Python 有豐富的資源，讓程式功能更容易實現，使用者需要時，只要引用即可，不必自行撰寫，可大幅提高程式開發的效能。

6. **社群廣大**

   Python 具有廣大的使用者社群，程式語言的社群越大，意味會有更多資源或套件可供使用，在網路社群上，越容易找到問題的答案，可使程式的開發更便利。

1.2 Python 開發環境

支援 Python 的開發環境有許多種，網路上也有很多相關的學習資源。以下簡單介紹 3 種開發環境，大家可擇一使用。

1.2.1 官方版 Python

官方版 Python 是 Python 語言的標準發行版本，若只用到 Python 的基本功能，官方版會是不錯的選擇，以下說明官方版 Python 的安裝與使用。

1. 到 Python 官方網站 https://python.org/downloads/，依作業系統下載安裝檔後，進行安裝。

   官網上的 Python 使用說明可到 https://docs.python.org/zh-tw/3/tutorial/index.html 查看。

2. 安裝完成後，執行 IDLE（Python 3.xx 64-bit），進入 Python 的互動模式（IDLE Shell）。

IDLE 是 Integrated Development and Learning Environment 的縮寫，意思是整合開發與學習環境。顧名思義，IDLE 是整合開發程式所需的編輯器、直譯器等在一起的環境。

使用 IDLE 開發程式，除了有編輯器可協助編輯程式碼外，如果出現語法錯誤，也可自動提示，或輸入指令開頭時，自動補全整個完整的指令，執行程式，也會自動調用直譯器，把執行結果顯示在編輯器內，可大幅提升程式開發的效率。

在互動模式下，可以寫一段程式就執行，並馬上看到結果，和 Python 進行互動。互動模式適用於較小或需快速測試的程式，可節省初學者的學習時間，但因寫下的程式無法存檔，所以不會在此模式下開發程式。

3. 啟動 IDLE 後，在 >>> 後輸入指令，就會立即執行指令，例如：輸入 1+2，按下 Enter 鍵，下方馬上會輸出執行結果 3。

```
>>> 1+2
3
>>>
```

4. 開發程式時，會先將程式存成檔案，再執行程式的內容。

執行 IDLE 後，點選 File / New File，新增一個程式檔，就可以將程式寫在檔案裡。

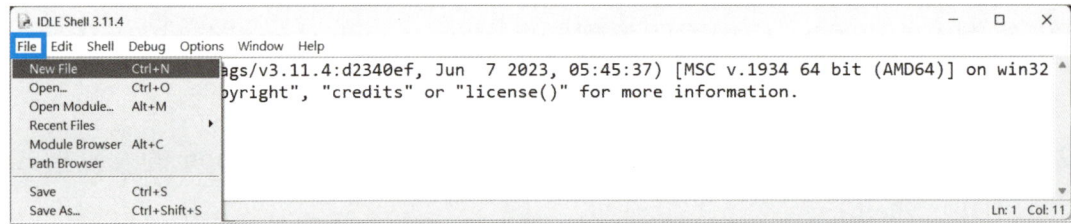

5. 寫好的程式要先存檔，Python 程式預設的副檔名是 .py，例如：將檔名取為 a.py，py 是取 Python 的前兩個字母。

6. 寫好程式後，點選 Run / Run Module，或按 F5 鍵，可執行程式。

7. 執行結果會出現在 IDLE Shell 視窗內。

1.2.2 Anaconda 發行版

開發 Python 程式時，若需用到許多第三方套件，使用官方版 Python，需要自行安裝與管理這些套件，使用較不方便，此時可改用其他整合有多種套件的發行版本。

其中 Anaconda 是很受歡迎的開發環境，它的發行版內建資料科學、數據分析、機器學習等套件，免費開源，安裝時一併安裝的套件超過 200 個，同時也有數千個套件，可供手動安裝。

安裝好 Anaconda，可以使用內建的 Jupyter Notebook 環境和 Spyder 編輯器，來開發程式。Jupyter Notebook 採用網頁式互動環境，可在瀏覽器上撰寫和執行 Python 程式，並能即時看到程式執行的結果，是雲端常用的使用者界面。

支援 Python 的整合開發與學習環境還有很多種，如 PyCharm、Visual Studio Code、Spyder、Eclipse 等，每種軟體都有其特點，可視需求選用。以下介紹 Anaconda 的安裝與使用。

安裝與啟動

1. 進入 Anaconda 官網 https://www.anaconda.com，下載並執行安裝檔。
2. 執行 Anaconda 內的 Jupyter Notebook。

瀏覽器會開啟一個 Jupyter 的新分頁，點選右邊的 New / Python3（ipykernel），開啟另一個 Jupyter Notebook 新分頁，就可以開始寫程式。

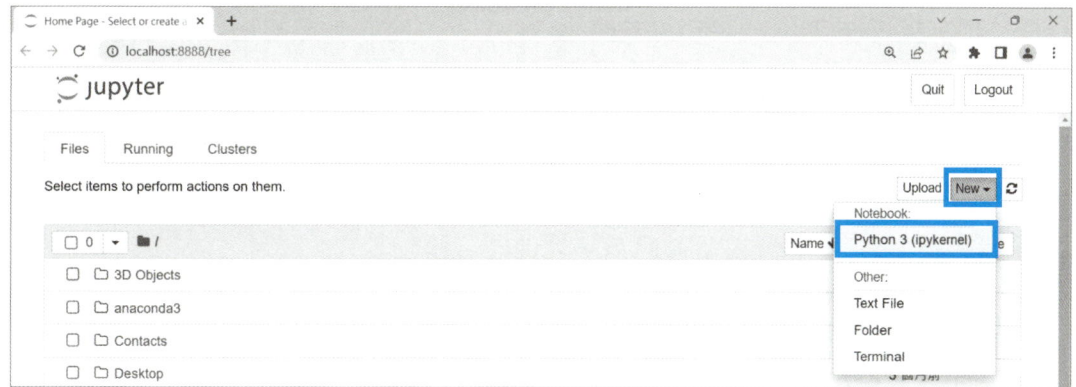

使用介面

1. 程式撰寫前,可先更改上方的檔名。

2. 下方的一個長方框就稱為一個單元(cell)。要撰寫程式,單元類型可使用預設的 Code;要寫注釋或筆記,可設為 Markdown。

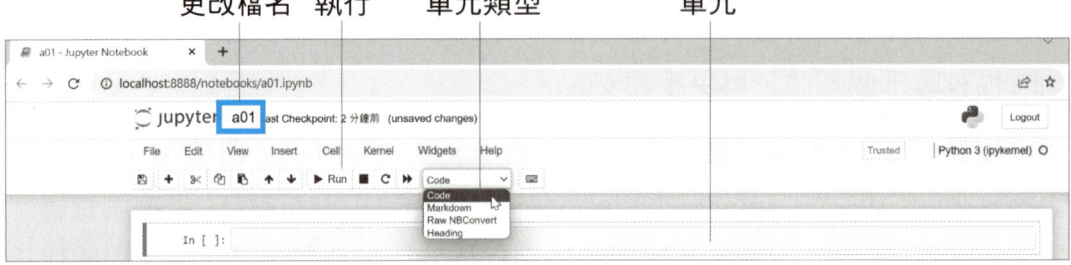

3. 單元有編輯和命令兩種模式:

    ● 編輯模式

    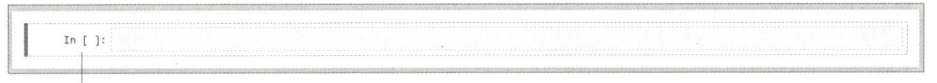

    點一下藍框的單元內,會變綠色框線,可在這裡寫程式

    ● 命令模式

    點一下綠框的單元外,會變藍色框線,可執行程式

    點一下綠框外,變藍框,可執行程式

    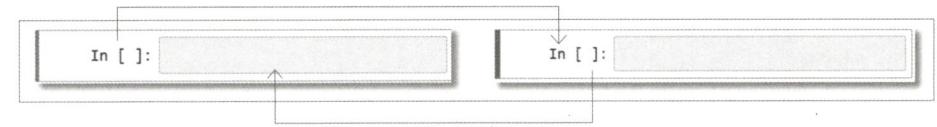

    點一下藍框內,變綠框,可編輯程式

撰寫程式

要進入編輯模式,可點選單元內的灰底方框;要進入命令模式,可點選灰底方框外。例如:執行算式 1 + 2,步驟如下:

1. 點選單元 In[] 內的灰底方框,輸入 1 + 2。
2. 按 Ctrl + Enter 或 Shift + Enter 鍵,執行程式。
3. 系統會輸出執行結果 3。

In[ ] 是輸入,Out[ ] 是輸出,[ ] 內的數字是執行的序號。同樣地,要串接字串 a 和字串 b,可在單元內輸入 'a' + 'b' 後,執行程式,就會輸出 'ab'。

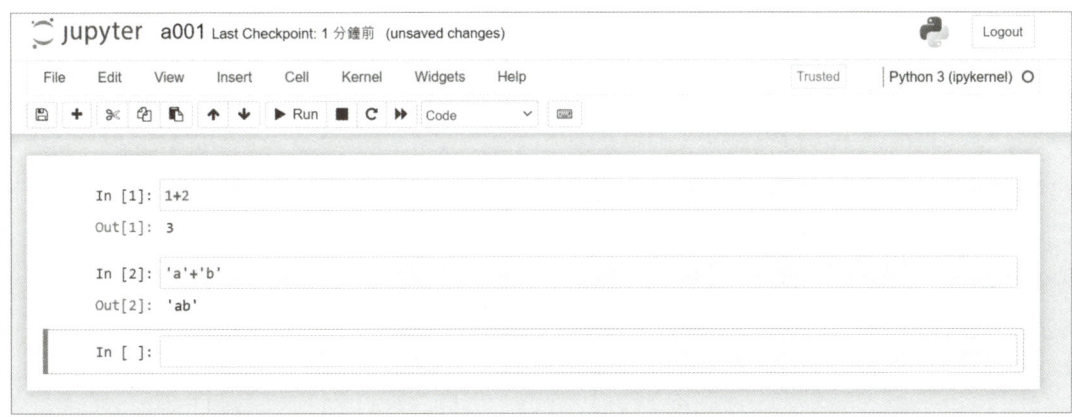

4. Jupyter Notebook 預設副檔名為 .ipynb。要下載 .py 的程式檔,可點選工具列的 File / Download as / Python (.py)。

快捷鍵

設計程式時,可用快捷鍵,提高開發的效率,一些常用的快捷鍵如下:

命令模式	
快捷鍵	作用
Enter	進入編輯模式
Ctrl + Enter	執行本單元
Shift + Enter	執行本單元,選中下個單元
A(Above)	在上方插入新單元
B(Below)	在下方插入新單元
DD(Delete)	刪除選取的單元
H(Help)	顯示快捷鍵輔助說明
1 ~ 6	設定 1 ~ 6 級標題

編輯模式	
快捷鍵	作用
Esc	進入命令模式
Tab	程式碼補全或縮排
Shift + Tab	提示
Ctrl + A	全選
Ctrl + Z	復原
Ctrl + Y	重做
Ctrl + [	解除縮排
Ctrl +]	縮排

1.2.3 雲端開發環境

另一種開發環境是直接使用雲端開發環境，其中 Google Colab（https://colab.research.google.com）也是採用網頁式互動環境，使用者使用瀏覽器，就可以開發 Python 程式，並可使用 Google 的雲端資源，如圖形處理單元 GPU 等，應用於資料科學或機器學習等領域。

採用雲端開發環境的好處是不需安裝任何程式，也不必任何設定，就可以直接開發 Python 程式。缺點是一定要有網路才能使用，執行程式的速度也會較慢。

1.3 設計第一個程式

1.3.1 程式設計的步驟

程式設計前，先要設計演算法，也就是解決問題的方法，然後再使用合適的程式語言，將演算法撰寫成程式。

設計出來的程式要進行測試，看是否運作正常，也要能輸出正確的答案，過程中如碰到錯誤，要隨時進行修正（圖 1-4）。

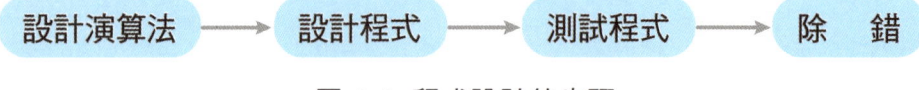

圖 1-4 程式設計的步驟

撰寫 Python 程式前，先注意下列兩點：

1. 字母大小寫是不同的，例如：print 和 Print 是不同的。

2. 可使用一個 # 做為單行註解。

    (1) 註解是用來說明程式碼的，是給人看的，不會被執行。如果有一行程式碼暫時不想執行，可以在此行程式碼前面加上 #。

    (2) 註解可以提高程式的可讀性，減少後續的維護工作。

    (3) 如果沒有註解，別人可能看不懂自己寫的程式碼，或久了自己可能會忘了是如何設計的。

    (4) 團隊共同設計的程式，註解有助於了解成員撰寫的程式。

接下來介紹 Python 的輸入和輸出語法，就可以開始設計第一個程式。

1.3.2 基本輸出語法

程式執行時，常會需要輸出資料，Python 的輸出指令可使用 print() 函式。可以把函式當成是一個「功能」，print() 函式就是輸出的功能。例如：

1. 輸出一行空白

```
print()                          #print會在輸出內容後，自動換行
```

2. 輸出一個字串

    可在 ( ) 內加入要輸出的字串，字串是指前後使用單引號 ' 或雙引號 " 標註的一串文字。例如：輸出字串 Hello Python，可用以下任一種語法：

```
print('Hello Python')            print("Hello Python")
```

3. 輸出多個字串

    若要輸出用一個空格隔開的多個字串，可在 ( ) 內使用逗號，隔開各個字串。

```
print('Hello','Python')                      #輸出Hello Python
```

若要輸出多個以某一符號分隔的字串，可在括號內加上 sep = '符號'，sep 是分隔 separate 的意思。

```
print('Hello','Python', sep = '-')      #輸出Hello-Python
```

若要輸出多個相連的字串，可使用 + 號，將各個字串串接起來。

```
print('Hello' + 'Python')               #輸出HelloPython
```

或將分隔符號設為空字串，也就是 sep = ''。

```
print('Hello','Python', sep = '')       #輸出HelloPython
```

4. 輸出運算結果

在 ( ) 內加入可執行運算的運算式，就可直接輸出運算式運算的結果。

```
print(1 + 2)                            #輸出數值3
```

5. 輸出字串與運算式

程式輸出時，可結合字串與運算式，使輸出結果更完整。

```
print('1 + 2 =', 1 + 2)                 #輸出1 + 2 = 3
```

如下圖，'1 + 2 =' 是字串，1 + 2 是運算式。前者會輸出文字 1 + 2 =，後者會輸出運算結果 3，兩者使用 , 分隔，所以 = 後會輸出一個空格，最後會輸出 1 + 2 = 3。

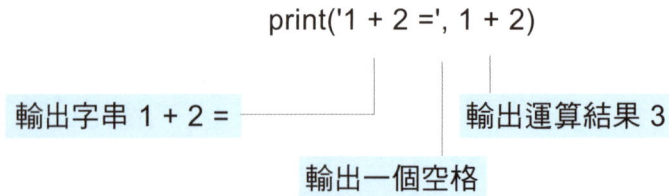

範例 1.3-1　輸出 Hello Python

寫一程式，輸出字串「Hello, Python」。

程式設計

```
print('Hello, Python')
```

執行結果

```
Hello, Python
```

1.3.3 基本輸入語法

Python 的輸入指令可使用 input() 函式，將使用者輸入的字串存到一個變數裡。無提示字串和有提示字串的語法如下：

1. 無提示字串

    使用 input()。例如：輸入名字後，將名字放到變數 name 裡

```
>>> name = input()
    Tom
>>> print('Hello,', name)
    Hello, Tom
```

執行 `name = input()` 時，會先執行 = 右邊的 input() 函式，此時 Python 會等待輸入，使用者輸入任意字串後，如 Tom，按下 Return 鍵，輸入的字串 Tom 就會被存放到變數 name 裡。

2. 有提示字串

    使用 input(' 提示字串 ')。要使用者輸入資料時，可先輸出提示訊息，讓使用者知道要輸入什麼資訊。input() 函式 ( ) 內使用的字串，可在螢幕上輸出提示字串。例如：

```
>>> name = input('輸入您的名字')
    輸入您的名字Tom
>>> print('Hello,', name)
    Hello, Tom
```

執行 name = input('輸入您的名字') 時，會先在螢幕上輸出「輸入您的名字」，使用者可以根據提示，輸入名字 Tom 後，再執行 print() 函式，最後得到輸出結果 Hello, Tom。

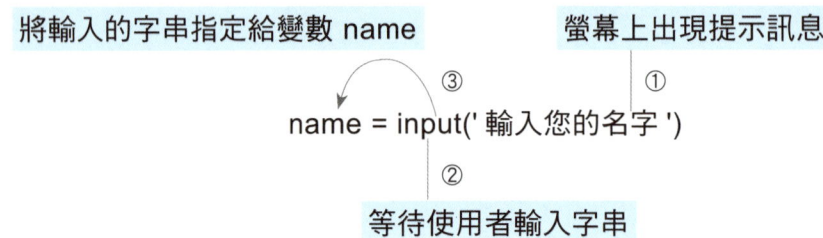

範例 1.3-2　輸入與輸出字串

寫一程式，提示使用者「輸入語言」，輸入後，顯示「Hello, OOO 您好」，OOO 是使用者輸入的語言名稱。

程式設計

```
name = input('輸入語言')
print('Hello,', name, '您好')
```

執行結果

```
輸入語言Python
Hello, Python您好
```

1.3.4 程式的轉譯

寫好的程式稱為原始碼（source code），原始碼並不能直接執行，必須透過直譯器（interpreter）或編譯器（compiler）將程式轉譯成機器語言後，電腦才能執行（圖 1-5）。

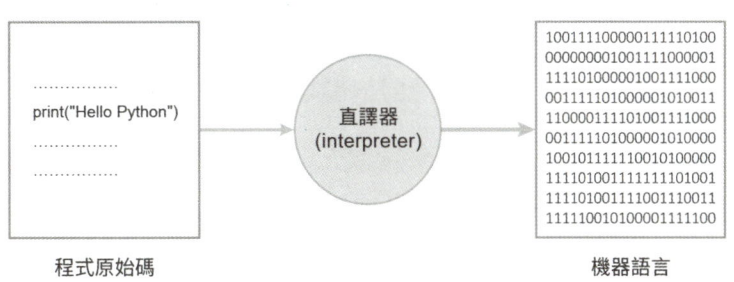

圖 1-5 直譯器的功能

直譯器轉譯的方式是，每轉譯一行程式，就立刻執行，然後再轉譯下一行，再執行，直到程式結束或出錯為止（圖 1-6），Python 就是一種直譯語言。

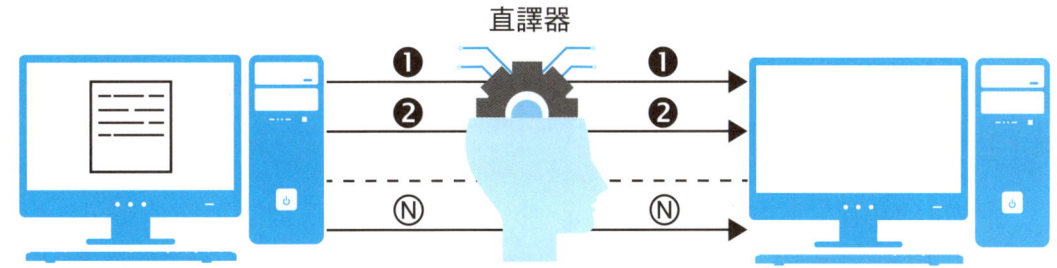

圖 1-6 直譯器轉譯程式的方式

1.3.5 程式除錯

設計程式的過程中，如果有錯誤（bug），除錯（debug）是要找出並更正錯誤的程式碼。程式錯誤的類型有兩種：

1. 語法錯誤

語法錯誤（syntax error）是指程式敘述不符合語法，就像在英文中使用錯誤的文法或不正確的拼字。例如：將 print() 寫成 Print() 時，直譯器會顯示語法錯誤（圖 1-7）。

從下圖的訊息中，可以發現，使用 Print() 指令時，錯誤發生的位置是在 line 1（第 1 行），原因是「名稱 'Print' 未被定義，您是要用 print ？」。根據直譯器提供的訊息，可以快速找到並更正程式的錯誤。

```
>>> Print()
Traceback (most recent call last):
  File "<pyshell#0>", line 1, in <module>
    Print()
NameError: name 'Print' is not defined. Did you mean: 'print'?
```

圖 1-7 語法錯誤的例子

撰寫 Python 程式時，如果本來隸屬於同一個程式區塊的各個敘述，其縮排不一致的話，程式被直譯時，會出現語法錯誤，撰寫程式時，應避免發生這樣的錯誤。

2. 語意錯誤

語意錯誤（semantic error）又稱邏輯錯誤（logical error），是指語法正確，程式能順利執行，但結果卻是錯誤的，就像在英文中，句子完全正確，但是文意卻是錯誤的。

程式發生語法錯誤時，直譯器會顯示錯誤的訊息，但直譯器並不會顯示語意錯誤，所以除錯較困難，需按部就班追蹤（trace）程式執行的流程與邏輯，找出錯誤。

例如：使用左下方的算式 m = a + b / 2 計算 a, b 兩數的平均值 m 時，程式雖然可以順利執行，但會得到錯誤的結果，產生語意錯誤，正確的寫法應如右下方的算式 m = (a + b) / 2。

例如：a = 1, b = 2，左下方算出兩數的平均值是 2，但正確的平均值應是右下方的 1.5。

語意錯誤	正確的寫法
m = a + b / 2	m = (a + b) / 2
m = 1 + 2 / 2 = 2	m = (1 + 2) / 2 = 1.5

學習挑戰

一、選擇題

1. 有關機器語言的描述,下列何者不正確?
   (A) 是由 0 與 1 組成的語言
   (B) 是電腦硬體認識的程式語言
   (C) 執行效率快,但不易閱讀與撰寫
   (D) 必須透過編譯器轉譯成電腦懂的語言

2. 下列何者不是 Python 語言的優點?
   (A) 應用範圍廣,功能強
   (B) 最接近機器語言,執行效率好
   (C) 擁有豐富的函式庫
   (D) 程式較容易撰寫,新手容易上手

3. 程式開發環境中,「整合開發與學習環境」的簡稱為何?
   (A) IDEL   (B) IDCL
   (C) IDLE   (D) ICLE

4. Python 原始碼的檔案副檔名為何?
   (A) .py   (B) .p
   (C) .pn   (D) .python

5. 有關 Python 程式的敘述,下列何者不正確?
   (A) 字母大小寫不同   (B) 使用 # 標註程式的註解
   (C) 程式內的註解不會被執行   (D) 是一種編譯式語言

6. 下列程式碼的輸出,何者正確?
   (A) print('a', 'b'),輸出 ab
   (B) print('a' + 'b'),輸出 a b
   (C) print('a', 'b', sep = '-'),輸出 a-b
   (D) print('a', 'b', sep = ''),輸出 a b

7. 若 a = 1，b = 2，執行 print('a' + '-' + 'b', a - b, sep = '') 結果為何？
   （A）a+-b+-1
   （B）a-b-1
   （C）a-b -1
   （D）a - b 1

8. 執行 a = input(輸入姓名)，下列敘述何者正確？
   （A）會出現提示字串 ' 輸入姓名 '
   （B）a 值等於所輸入的資料
   （C）使用者不能輸入數值資料
   （D）會出現語法錯誤的訊息

9. 寫好的 Python 程式會使用下列何者，將原始碼轉譯成機器語言？
   （A）編輯器
   （B）直譯器
   （C）編譯器
   （D）連結器

10. 直譯器可以發現程式的下列何種錯誤？
    （A）語法錯誤
    （B）語意錯誤
    （C）邏輯錯誤
    （D）執行結果錯誤

二、應用題

1. 指出以下程式錯誤的地方，並更正成能正確執行的程式。

   ```
   input(姓名)
   print(姓名,'您好')
   ```

2. 寫一程式，提示使用者「輸入喜歡的飲料」，輸入後，顯示「Hello, OOO 是我的最愛」，OOO 是使用者輸入的飲料名稱。
   例如：輸入「奶茶」，輸出「Hello, 奶茶是我的最愛」。

變數與運算式

本章學習重點

- 認識變數
- 資料型態與資料轉換
- 輸入與輸出函式
- 運算式與運算子

本章學習範例

- 範例 2.3-1 兩數之和
- 範例 2.3-2 溫度單位的換算 (d051)
- 範例 2.4-1 兩數交換
- 範例 2.4-2 輸出總分與平均
- 範例 2.4-3 時差換算 (d050)
- 範例 2.4-4 買原子筆 (d827)
- 範例 2.4-5 分組問題 (d073)
- 範例 2.4-6 秒數格式轉換
- 範例 2.4-7 圓面積、周長與體積
- 範例 2.4-8 長度單位換算
- 範例 2.4-9 整數的位數
- 範例 2.4-10 BMI 計算
- 範例 2.4-11 59 加 1 分

2.1 認識變數

2.1.1 變數的意義

設計程式前,需先了解變數與運算式(expression)的意義與使用。數學常會使用某個符號來代替某些會變動的數,例如:設正方形的邊長為 a,此正方形的面積就是 a × a。邊長 a 就是一個變數,可以用來存放會變動的數值,例如:

a = 2,面積就是 a × a = 2 × 2 = 4

a = 2.5,面積就是 a × a = 2.5 × 2.5 = 6.25

同樣地,為了記錄會變動的資料,程式會給這些資料一個名稱,這個名稱就是變數(variable),簡單的說,變數就是會變動的數。

程式執行時,變數會被儲存在主記憶體的電腦程式中。1.3 節的例子中,name 就是一個變數,執行時,name 會被存放在主記憶體內。

變數的概念和人腦的記憶相似,例如:要記住 1 和 5 兩個數時,人腦需要兩個記憶體空間來儲存這兩個數值,若將這兩數相加,也會有一個記憶體空間儲存數值 6。同樣地,程式中可以有三個變數,a 為 1、b 為 5、result 為 a + b 的值,程式執行時,a, b, result 三個變數都會被儲存在主記憶體中。

程式執行時,電腦會將資料載入主記憶體中,為了區別資料在記憶體的位置,每一個記憶體的儲存單位都會有一個不同的位址(address),就如同每一間房子都有一個不同的門牌號碼一樣。

記憶體的儲存單位是 byte,每一個 byte 都會有一個位址,要將資料存入記憶體,或從記憶體取出資料,都會透過記憶體的位址(圖 2-1)。

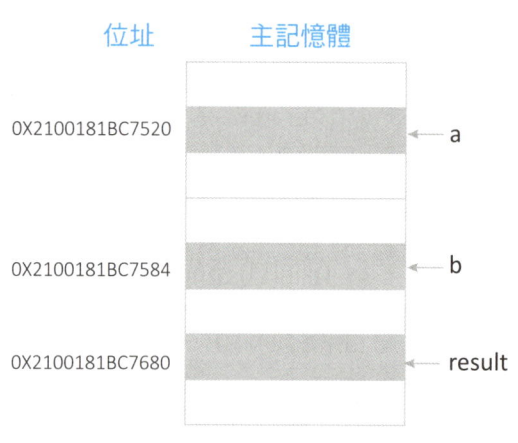

圖 2-1 變數與記憶體的關係

2.1.2 變數的命名

每種語言的變數都有一定的命名規則,命名時要避免與其他名稱混淆。變數名稱不能亂取,最好「見名知義」,也就是看見名稱,就知道它的意義。

Python 變數的命名規則如下(圖 2-2):

1. 只允許英數(英文字母、數字)和底線 _,但不能是數字開頭。

   例如:7Eleven, 2e3 是不合法的變數名稱,因為有些數字開頭的文字是有意義的,如 2e3 代表數值 $2 * 10^3$,若當成變數,會和數值混淆。

2. 不能用空白或特殊符號(如 + - * / % & | ~ # ^ ? @ 等)。

   例如:x-1 是不合法的變數名稱,- 會和減號混淆,但 x_1 則是合法的。

3. 保留字是保留作為指令等用途的關鍵字,不要使用保留字作為變數名稱,否則會無法區分它是指令還是變數名稱。

變數名稱

○ 英數底線 _

× 數字開頭　特殊符號　保留字

圖 2-2 變數的命名規則

一些常見的保留字如下,使用 help('keywords') 指令可查詢所有關鍵字。

| if | else | elif | and | or | not | break | for | in | while | def | return |

4. 變數名稱雖然可以使用中文,但為了流通,建議儘量不要使用。

以下是一些變數名稱判斷的例子:

變數名稱	說明
_	○,變數名稱可用底線 _
3w	×,不能是數字開頭
my py	×,不能使用空格
Hello!	×,不能使用特殊字元!
score-1	×,不能使用減號,但 score_1 是合法的

2.2 資料型態與資料轉換

2.2.1 基本資料型態

程式使用變數只要引用變數名稱即可，變數的值存放在主記憶體中，程式會根據變數的資料型態，配置適當大小的記憶體空間，存放變數的值。

程式可以處理數值、文字等多種資料，這些資料的型態有許多種，所以需要不同的資料型態來處理，例如：處理年齡 age 會使用整數，處理姓名 name 會使用字串，處理面積 area 會使用有小數的數值等。

Python 的基本資料型態包含整數、浮點數、字串、布林值（表 2-1）。其中浮點數是指浮出小數點的數，有小數點的數就是浮點數。請注意，整數和浮點數是有不同的，例如：2 是整數，2.0 則是浮點數，兩者不同。

表 2-1 一些常用的基本資料型態

資料型態	說明	實例
整數（int）	任意大小的整數，包含負整數	0, 1, -123, 123
浮點數（float）	點是指小數點，浮點數是指有小數的數值	1.0, 3.14, -9.01
字串（str）	是以單引號 ' 或雙引號 " 括起來的文字	'xyz', "xyz"
布林值（bool）	只有真 True（1）或假 False（0）兩種值	True, False

> 補充說明
>
> 1. 布林值的 True 和 False 的第一個字母要大寫，不能寫成 true 和 false。
> 2. 整數 0、浮點數 0.0、空字串的布林值都是 False，其他不等於 0 或 0.0、非空字串的布林值都是 True。例如：1、0.1、'xyz' 的布林值是 True。

2.2.2 資料型態轉換

型態轉換是將一個值從一種型態轉換為另外一種型態，不同資料型態的變數要進行運算，需要先轉換型態。Python 常用的資料型態轉換指令如下表（表 2-2），這些指令可將 ( ) 內的資料轉為特定的資料型態。

表 2-2 資料型態轉換的指令

int( )	轉成整數
float( )	轉成浮點數
str( )	轉成字串

以下列舉一些資料型態轉換的例子：

轉成整數	字串 → 整數 s = '6' n = int(s)　　　# int('6') = 6	浮點數 → 整數 f = 6.9 n = int(f)　　　# int(6.9) = 6，去除小數
轉成浮點數	字串 → 浮點數 s = '6' f = float(s)　　# float('6') = 6.0	整數 → 浮點數 n = 6 f = float(n)　　# float(6) = 6.0
轉成字串	整數 → 字串 n = 6 s = str(n)　　　# str(6) = '6'	浮點數 → 字串 f = 6.9 s = str(f)　　　# str(6.9) = '6.9'

若不確定是整數或浮點數時，可用 eval() 將資料轉成數值。例如：

```
s = eval(input())              #輸入3，s=3；輸入2.5，s=2.5
```

在 Python 中，eval() 函式可用於執行字串形式的 Python 運算式，並傳回運算式的結果。例如：

```
s = eval('2 + 3 * 4')          #執行2+3*4，傳回運算的結果，輸出14
```

eval() 函式功能強大，等同將字串去除首尾的引號並執行，使用時要很謹慎，因為它可以執行任何程式碼，如刪除系統檔案的程式碼，若使用不當，會引發安全問題。

2.3 輸入與輸出函式

2.3.1 輸入函式

1. 輸入資料的型態轉換

    使用 input() 輸入資料時,輸入的資料型態是字串,若要進行數值運算,需將其轉換成整數或浮點數。轉換的程式如下:

    ```
    s = input()         #若輸入90,90是字串,s='90'
    s = int(s)          #int(s)會將字串s轉成整數int,s=int('90')=90
    s = s + 10          #s=90+10。若沒有將s轉成整數,會造成錯誤
    ```

    第 1 行 s = input(),會先執行 = 號右邊的 input(),若輸入 90,此時 90 是字串 '90',會被指定給 s,所以 s = '90'。

    因為第 3 行 s 要進行加法 + 運算,所以要先將 s 轉換成數值。因此第 2 行要用 int(s),將 () 內的字串 s 轉成整數 90。

    上例中,第 2 行 int(s) 的 s 可用第 1 行的 input() 替換,精簡成以下 1 行。

    ```
    s = int(input())    #將input()輸入的字串轉成整數(int),再指定給s
    ```

    若輸入的資料是有小數的浮點數,可使用 float(),將資料轉成浮點數。

    ```
    s = float(input())  #輸入的字串轉成浮點數float,再指定給s
    ```

2. 輸入格式

    在 Python 中,不同格式的資料,需採用不同的讀取方法。常見的格式有以下三種:

(1) 多行，一行一筆

input() 會換行輸入，也就是一個 input() 會讀取一行輸入的資料。如下表第 1 列，輸入資料有 3 行，可用 3 個 input() 來輸入。

第 1 個 input() 讀取第 1 行資料 '1'，指定給變數 a，所以 a = '1'。

第 2 個 input() 讀取第 2 行資料 '2'，指定給變數 b，所以 b = '2'。

第 3 個 input() 讀取第 3 行資料 '3'，指定給變數 c，所以 c = '3'。

(2) 一行多筆，用空白隔開

程式常會輸入一行用空白隔開的資料，如下表第 2 列，輸入 1 2 3 時，input() 函式會讀取一整行資料，也就是 '1 2 3'。

要將 '1 2 3' 分別指定給變數 a, b, c，須先將字串 '1 2 3' 用空白分開。分開是 split，在 input() 後加上 .split()，即 input().split()，就會將輸入的字串 '1 2 3' 用空白分開成 '1'、'2'、'3' 三個字串。

input()	讀取字串 '1 2 3'
input().split()	將字串 '1 2 3' 用空白分開成三個字串 '1'、'2'、'3'

所以 a, b, c = input().split() 會將輸入的字串用空白分開，再依序指定給 a, b, c，所以 a = '1'、b = '2'、c = '3'。

(3) 一行多筆，以逗號 , 隔開

input().split() 會把輸入的字串用空白分割，但若輸入的資料是用其他符號隔開的，例如：1,2,3，就要改用逗號 , 來分開。此時可使用 input().split(',')，將 '1,2,3' 用 , 分開成 '1'、'2'、'3' 三個字串。

依此類推，若要將輸入的 email 使用 @ 來分開成兩個字串，就可以使用 input().split('@')。

輸入的格式	輸入的資料	讀取的程式碼
(1) 多行，一行一筆	1 2 3	a = input() b = input() c = input()
(2) 一行多筆，用空白隔開	1 2 3	a, b, c = input().split()
(3) 一行多筆，以逗號 , 隔開	1,2,3	a, b, c = input().split(',')

2.3.2 輸出函式

使用 print() 函式時，在括號內使用逗號來分隔變數，輸出的格式會受到限制，例如：無法將 3.14159265... 輸出至小數點後 2 位。

Python 3.6 版開始支援 f 字串（f-string），顧名思義，f 字串是在字串前加上 f 或 F，字串內用大括號 {} 將變數或運算式括起來，{} 會被替換為對應的值，若需設定格式，可在 {} 內加上：，接上所需的格式。其形式如下：

f'……{ 變數或運算式 }……'　　或　　f'……{ 變數或運算式 : 格式 }……'

f 字串簡潔易讀，效能好，是較推薦的格式化方法。以下列舉幾個實例：

例題 1

```
name = 'Tom'
s = f'Hello, {name}'          #{name}會引用變數name的值'Tom'
print(s)                      #輸出字串Hello, Tom
```

例題 2

```
x, y = 1, 2
s = f'{x}+{y}={x+y}'          #{x}引用x的值1，{y}引用y的值2
                              #{x+y}引用運算式1+2的值3
print(s)                      #輸出1+2=3
```

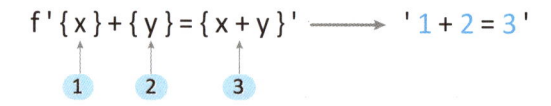

f'{x}+{y}={x+y}' ⟶ '1+2=3'
　　①　②　　③

例題 3

```
print(2/3)                    #輸出0.6666666666666666
print(f'{2/3:f}')             #f是浮點數，預設小數以下6位，輸出0.666667
print(f'{2/3:.3f}')           #.3是小數點以下3位，輸出0.667
```

例題 4

```
print(f'{1.5:.0f} {2.5:.0f}')    #輸出2 2
```

　　Python 小數的進位並非都採用四捨五入，而是採用<u>四捨六入五成雙</u>，也就是四捨五入到最接近的偶數。上例中，1.5 取小數 0 位，最接近的偶數是 2，2.5 取小數 0 位，也是 2。但有些數值可能會因為精度問題，影響捨入結果。

例題 5

```
print(f'{6:02}')                 #02是補0至2位數，輸出06
```

範例 2.3-1　兩數之和

寫一程式，提示使用者輸入兩個整數，輸入後，輸出兩數之和。

輸入：2 行，每行 1 個整數，輸入前先提示「輸入整數」。

輸出：兩數之和。

解題方法

1. 使用 input() 輸入的資料型態是字串，兩數要相加，需使用 int()，將資料轉成整數。

2. 字串的 + 是<u>串接</u>的意思，若輸入的資料沒有轉成整數，會變成兩字串串接。例如：輸入 1 和 2，相加會是 '1' + '2' → '12'，不會是 3。

程式設計

```
a = int(input('輸入整數'))        #讀取輸入的字串，轉成整數，指定給變數a
b = int(input('輸入整數'))        #讀取輸入的字串，轉成整數，指定給變數b
print(a + b)
```

執行結果

輸入整數80

輸入整數83

163

範例 2.3-2　溫度單位的換算 (d051)

小明要寫一份有關美國氣候的報告，美國都以華氏做為溫度單位，寫一程式，將華氏轉換成台灣使用的溫度單位攝氏。攝氏 =（華氏 - 32）* 5 / 9。

輸入：華氏度數。

輸出：攝氏度數，取至小數第 2 位。

解題方法

1. 若攝氏度數為 c，華氏度數為 f，則 c = (f - 32) * 5 / 9。
2. 使用 input() 輸入的華氏度數 f 是字串，可使用 float() 轉成浮點數。
3. 攝氏溫度 c 要取至小數第 2 位，所以可使用 f'{c:.2f}'。

程式設計

```
f = float(input())        #讀取輸入的字串，轉成浮點數f
c = (f - 32) * 5 / 9      #將華氏度數f轉成攝氏度數c
print(f'{c:.2f}')         #輸出攝氏度數c，至小數以下第2位
```

執行結果

100

37.78

2.4 運算式與運算子

運算式是可執行運算的敘述,由運算子(operator)和運算元(operand)組成的,運算子是用來表示運算的符號,運算元是運算的資料,每個運算式都會計算出一個值。如以下敘述,= 和 + 是運算子,total, a, b 是運算元(圖 2-3)。

total = a + b

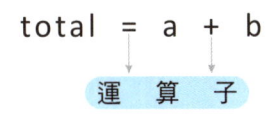

運 算 子

圖 2-3 運算子

Python 的運算子包含如下:

分類	運算子
指定運算子	=
算術運算子	+ - * / // % **
複合指定運算子	+= -= *= /= //= %= **=
關係運算子	== != > < >= <= in not in
邏輯運算子	and or not

2.4.1 指定運算子(=)

指定運算子 = 是將值或運算式的結果指定給變數,語法如下:

變數 = 運算式

將運算式的值指定給變數

以下舉例說明:

1. 將整數、浮點數、或字串指定給某一個變數

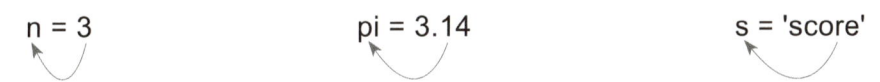

n = 3　　　　　　pi = 3.14　　　　　　s = 'score'

將整數 3 指定給變數 n　將浮點數 3.14 指定給變數 pi　將字串 score 指定給變數 s

2. 將變數或運算式的結果指定給某一個變數

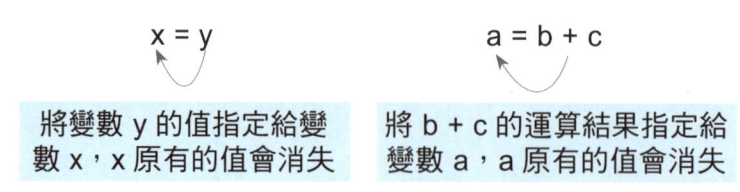

$$x = y \qquad\qquad a = b + c$$

將變數 y 的值指定給變數 x，x 原有的值會消失　　將 b + c 的運算結果指定給變數 a，a 原有的值會消失

3. 遞增與遞減

程式的等號 = 是指定的意思，不是數學上表示相等的等號。例如：以下敘述在數學上是不成立的，但卻是正確的程式語法。若 i = 0

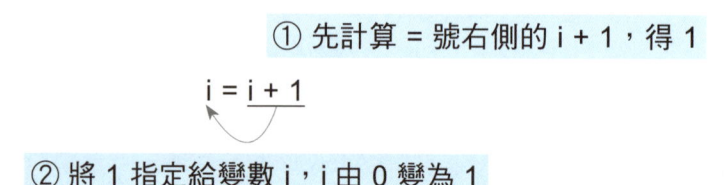

① 先計算 = 號右側的 i + 1，得 1

$$i = i + 1$$

② 將 1 指定給變數 i，i 由 0 變為 1

所以變數 i 的遞增和遞減敘述可以寫成：

```
i = i + 1          #i遞增
i = i - 1          #i遞減
```

實際上，可將 = 號右邊的 i 視為是「舊」的 i，左邊的 i 則是「新」的 i。

$$\underset{新}{i} = \overset{舊}{i} + 1$$

4. 同時指定多個變數的值

同一值可以同時指定給多個變數名稱，或使用分號；將多行敘述寫成一行，也可將多個變數和各別賦予的值用 , 隔開。例如：

```
x = y = z = 'apple'        #同一值同時指定給多個變數
r = 3.14; a = True         #使用;將2行敘述寫在同1行
m, n, p = 1, 2.1, 'hi'     #等同m = 1; n = 2.1 ; p = 'hi'
```

範例 2.4-1　兩數交換

設計程式常會用到兩數交換。寫一程式，輸入兩數，輸出兩數交換後的結果。

輸入：2 個用空白隔開的數，分別代表 x, y 值，如 3 9。

輸出：x = ○○ y = ○○，○○ 代表兩數交換後的值，如 x = 9 y = 3。

解題方法

1. 讀取輸入的資料。資料格式是一行多筆，用空白隔開，所以使用以下敘述讀取。

```
x, y = input().split()
```

2. 交換 x, y 兩數可想像成有 x, y 兩杯水，要將這兩個杯子的水互相交換。如下圖，解題步驟設計如下：

    (1) 將 x 杯的水，倒入空杯 t。(t = x)

    (2) 將 y 杯的水，倒入空杯 x。(x = y)

    (3) 將 t 杯的水，倒入空杯 y。(y = t)

3. 所以兩數交換的程式碼可設計如下：

```
t = x
x = y
y = t
```

程式設計

```
1  x, y = input().split()  #讀取輸入，用空白分割成2個字串，指定給x,y
2  t = x
3  x = y
4  y = t
5  print('x =', x, 'y =', y)
```

執行結果

```
0 1
x = 1 y = 0
```

說明

第 2~4 行 x, y 兩數交換可直接寫為 x, y = y, x

範例 2.4-2 輸出總分與平均

寫一程式,輸入 3 科成績後,輸出總分和平均(取至小數第 1 位)。

輸入:3 個用空白隔開的整數,如 81 75 87。

輸出:總分和平均,用一個空格隔開,平均取至小數第 1 位,如 243 81.0。

程式設計

```
1 a,b,c = input().split()        #讀取輸入,用空白分割成3個字串,指定給a,b,c
2 a = int(a)                      #將字串a轉為整數
3 b = int(b)                      #將字串b轉為整數
4 c = int(c)                      #將字串c轉為整數
5 total = a + b + c               #計算總分total
6 print(f'{total} {total / 3:.1f}')      #輸出總分和平均,取至小數1位
```

執行結果

```
81 76 85

242 80.7
```

說明

第 5~6 行可合併為 print(f'{a + b + c} {(a + b + c) / 3:.1f}')

5. 使用 map() 函式指定變數值

Python 有一個 map() 函式，可以將一個物件中的每一個元素應用於一個指定的函式，並傳回應用函式後的結果。

map() 函式的語法如下：

$$map(\text{函式}, \text{物件}, ...)$$

map 的中文意思是映射，顧名思義，map() 是將「物件」映射到「函式」，也就是將物件的元素一一使用函式執行。

使用 map() 函式，可將上例第 1～5 行程式改寫為右下方的敘述。

```
a, b, c = input().split()
a = int(a)
b = int(b)
c = int(c)
```

```
a,b,c = input().split()
a,b,c = int(a),int(b),int(c)
```

```
a, b, c = map(int, input().split())
```

例如：此敘述執行時，輸入 1 2 3，執行步驟如下：

① input()：讀取字串 '1 2 3'

② input().split()：將字串 '1 2 3' 用空白分割成 3 個字串 '1'、'2'、'3'

③ map(int, input().split())：將 '1'、'2'、'3' 這三個字串映射到（依序執行） int() 函式，可得到三個整數 1、2、3

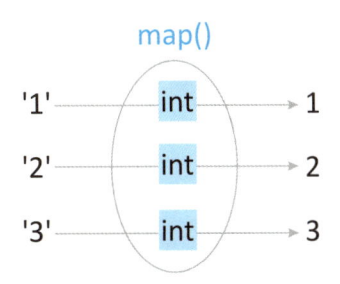

```
         map()
'1' ───▶ int ───▶ 1
'2' ───▶ int ───▶ 2
'3' ───▶ int ───▶ 3
```

④ 將函式執行後的 3 個整數 1 2 3，分別指定給 a, b, c 三個變數

```
                    將輸入使用空白分割
                            ①
        a, b, c = map(int, input().split())
              ③                    ②
        將函式執行後的結果      將分割後的 3 個字串
        指定給變數 a, b, c     依序映射到 int() 函式
```

注意，以下寫法是錯的，因為 int() 僅能將 1 個字串轉換成整數。

int(input().split())　　✗

map() 函式可將輸入、字串分開、型態轉換、指定變數值等功能，寫在一句敘述，讓程式更精簡，後面章節會常用到這個方法，一定要熟悉。

程式常會先要讀取輸入的資料，讀取各種輸入格式的程式碼如下表。

	輸入格式	程式碼
1	輸入一個字串	s = input()
2	輸入一個整數	n = int(input())
3	輸入一個浮點數	n = float(input())
4	輸入一個數值（整數或浮點數）	n = eval(input())
5	輸入 1 行多個用空白隔開的字串到多個變數內	x, y, z = input().split()
6	輸入 1 行多個用空白隔開的整數到多個變數內	a, b, c = map(int, input().split())
7	輸入 1 行多個用空白隔開的浮點數到多個變數內	a, b, c = map(float, input().split())
8	輸入 1 行多個用空白隔開的數值到多個變數內	m, n, p = map(eval, input().split())

2.4.2 算術運算子（+ - * / // % **）

算術運算子包含加減乘除、整數除法 //、餘數 %、次方 ** 等（表 2-3）。

表 2-3 算術運算子

運算子	功能	語法	實例	結果
+	加	a + b	1 + 2	3
-	減	a - b	6 - 2	4
*	乘	a * b	3 * 2	6
/	除	x / y	8 / 2	4.0

運算子	功能	語法	實例	結果
//	整數除法（求商）	x // y	9 // 2 9.0 // 2（9 // 2.0 或 9.0 // 2.0）	4 4.0
%	餘數	x % y	4 % 3 4.0 % 3（4 % 3.0 或 4.0 % 3.0）	1 1.0
**	指數（次方）	a ** b（a^b）	4 ** 3（4^3） 4 ** 0.5（$\sqrt{4}$）	64 2.0

1. 運算的優先順序

    ① 括號　　　　　　　　② 指數 **　　　　　　　③ 正負號 +, -

    ④ 乘除 *, /, //, %　　　⑤ 加減 +, -　　　　　　⑥ 指定 =

-2 * -3	負號 - 優先於 *，(-2) * (-3) = 6
-5 ** 2	** 優先於負號 -，-(5 ** 2) = -25

下例 p 值的運算過程如下：

i, j, k = 1, -2, 4

p = i + 2 * j - 66 // 2 ** k

$2^4 = 16$

p = i + 2 * j - 66 // 16
　　　　　-4　　　　4

p = 1 + (-4) - 4 = -7

連續多個指數 ** 要運算時，會<u>由右往左</u>運算，也就是<u>先算指數</u>。例如：

a = 2 ** 3 ** 2	#由右往左運算，先算指數2**(3**2)=2**9=512

無法確定運算的優先順序時，可用小括號 ( ) 將先要執行的運算括起來，以免發生錯誤。

2. 數學式轉運算式

    以下是一些數學式轉成運算式的例子：

數學式	$y = \dfrac{a+b}{2}$	$y = a + \dfrac{b}{2}$	$d = b^2 - 4ac$
運算式	y = (a + b) / 2	y = a + b / 2	d = b * b - 4 * a * c

小試身手

1. 下列運算式的 x 值為何？

    (1) x = 6 / 2 ＿＿＿＿＿＿ (2) x = 36 // 13 ＿＿＿＿＿＿

    (3) x = 29 % 3 ＿＿＿＿＿＿ (4) x = 16 ** 0.5 ＿＿＿＿＿＿

    (5) x = 3 * 5 % 2 - 1 ＿＿＿＿＿＿ (6) x = 4 * 2 ** -2 ＿＿＿＿＿＿

2. 將下列式子使用運算式表示：

    (1) a = πr^2，π = 3.14159 ＿＿＿＿＿＿＿＿＿＿

    (2) bmi = w / h^2 ＿＿＿＿＿＿＿＿＿＿

    (3) $\sqrt{(x1-x2)^2 + (y1-y2)^2}$ ＿＿＿＿＿＿＿＿＿＿＿＿＿＿＿＿＿＿

    (4) $\dfrac{-b + \sqrt{b^2 - 4ac}}{2a}$ ＿＿＿＿＿＿＿＿＿＿＿＿＿＿＿＿＿＿

3. 若 x = 1, y = 2，下列敘述輸出的結果為何？

    (1) print(x, y) ＿＿＿＿＿＿

    (2) print('x + y =', x + y) ＿＿＿＿＿＿＿＿

範例 2.4-3　時差換算（d050）

小明的朋友住在美國，比台灣慢 12 個小時，他想打電話給他，但又怕半夜吵到對方。寫一程式，使用 24 小時制，將台灣時間換算成美國時間。

輸入：台灣時間幾點（0～24）

輸出：美國時間幾點

解題方法

1. 若台灣時間為 h 點,美國時間應該是 (h + 24 - 12) % 24 點。

2. 例如:台灣時間 18 點,美國時間應該是 (18 + 24 - 12) % 24 點,為 6 點。

程式設計

```
h = int(input())
ha = (h + 24 - 12) % 24
print(ha)
```

執行結果

```
18

6
```

範例 2.4-4　買原子筆（d827）

原子筆一支 5 元,一打 50 元。若全班每位同學都買一支,最少要花多少錢?

輸入:班級學生數。

輸出:所需的費用。

解題方法

1. 將學生每 12 人分成一組,每組買 1 打,分組剩餘的學生,每人買 1 支。

2. 若學生數為 n,需買 n // 12 打,剩餘學生數 n % 12,需再買 n % 12 支。

3. 所需費用 = 打數 * 50 + 剩餘支數 * 5,即 n // 12 * 50 + n % 12 * 5。

程式設計

```
n = int(input())
m = n // 12 * 50 + n % 12 * 5    #費用 = 打數*50+剩餘支數*5
print(m)
```

執行結果

```
42

180
```

範例 2.4-5　分組問題（d073）

上課時老師依照座號分組，每組 3 人。寫一程式，能依座號查詢分到的組別。例如：8 號分到第 3 組。

輸入：座號。

輸出：1 個整數，代表組別。

解題方法

1. 一組 3 人，觀察「座號 // 3」的情形，如下表第 2 列，第 0 組只有 2 人。
2. 所以可先將座號右移兩位（座號 + 2），消除第 0 組，再除以 3 取整數，得第 3 列，便可以分配成每 3 人一組。

座號	1	2	3	4	5	6	7	8
座號 // 3	0	0	1	1	1	2	2	2
(座號 + 2) // 3	1	1	1	2	2	2	3	3

程式設計

```
n = int(input())
print((n + 2) // 3)    #組別是將座號n右移2位，再除以3取整數
```

執行結果

```
16

6
```

範例 2.4-6　秒數格式轉換

寫一程式，輸入秒數後，轉成時:分:秒。例如：輸入 3841，轉成 1:04:01。

輸入：1 個整數，代表秒數。

輸出：時:分:秒，分和秒補 0 至 2 位數。

解題方法

1. 計算時 h

   總秒數 ts 除以 60 的商（ts // 60），可得總分鐘數 tm = ts // 60。總分鐘數 tm 除以 60 的商，可得時 h，所以 h = tm // 60。

2. 計算分 m

   總分鐘數 tm 除以 60 的餘數，可得分 m，所以 m = tm % 60。

3. 計算秒 s

   總秒數 ts 除以 60 的餘數，可得秒 s，所以 s = ts % 60。

程式設計

```
1 ts = int(input())
2 tm = ts // 60              #總分鐘數tm=總秒數ts//60
3 h = tm // 60                #時h=總分鐘數tm//60
4 m = tm % 60                 #分m=總分鐘數tm%60
5 s = ts % 60                 #秒s=總秒數ts%60
6 print(f'{h}:{m:02d}:{s:02}')
```

執行結果

```
39016
```

```
10:50:16
```

說明

1. 根據解題方法，可以計算出 h、m、s 之值如下：

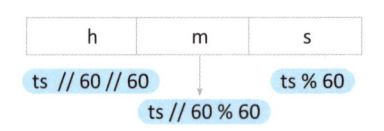

h	m	s
ts // 60 // 60	ts // 60 % 60	ts % 60

2. 可將運算式直接寫在 f 字串內，第 2～5 行可寫成

```
print(f'{ts // 60 // 60}:{ts // 60 % 60:02}:{ts % 60:02}')
```

範例 2.4-7　圓面積、周長與體積

寫一程式，輸入半徑後，輸出以此為半徑的圓周長、圓面積、球體體積，其中圓周率 π 為 3.14159，球體體積 $= \frac{4}{3}\pi \times$ 半徑^3。

輸入：半徑。

輸出：圓周長、圓面積、球體體積，用一個空格隔開，取至小數第 1 位。

解題方法

1. 讀取輸入的字串，轉成浮點數 r。
2. 計算圓周長 2 * pi * r、圓面積 pi * r ** 2、球體體積 4 / 3 * pi * r ** 3。
3. 輸出計算的結果，取至小數第 1 位，所以可使用 f 字串輸出，格式 :.1f。

程式設計

```
1 r = float(input())
2 pi = 3.14159
3 p = 2 * pi * r               #圓周長p = 2πr
4 a = pi * r ** 2              #圓面積a = πr²
5 v = 4 / 3 * pi * r ** 3      #球體體積v = 4/3 π × r³
6 print(f'{p:.1f} {a:.1f} {v:.1f}')
```

執行結果

```
5

31.4 78.5 523.6
```

說明

可將運算式直接寫在 f 字串內，第 3～7 行可改寫成

```
print(f'{2*pi*r:.1f} {pi*r**2:.1f} {4/3*pi*r**3:.1f}')
```

範例 2.4-8 　長度單位換算

1 英呎 = 12 英吋，1 英吋 = 2.54 公分。寫一程式，輸入幾英呎和幾英吋後，輸出對應的公分數。

輸入：2 個用空白隔開的整數，代表英呎和英吋。

輸出：公分數，去除小數，取整數。

解題方法

1. 讀取輸入的字串，依空白分割，並轉成整數 f（英呎）和 i（英吋）。
2. 計算總英吋 = f * 12 + i。

3. 總英吋 * 2.54，再取整數，就是對應的公分數。

程式設計

```
1 f, i = map(int,input().split())    #讀取輸入，轉成整數，指定給f,i
2 t = f * 12 + i                     #總英吋t=英呎*12+英吋
3 h = int(t * 2.54)                  #公分=總英吋t*2.54，用int()取整數
4 print(h)
```

執行結果

```
6 9

205
```

2.4.3 複合指定運算子（+= -= *= /= //= %= **=）

複合指定運算子是指定運算子和算術或位元運算子結合的運算子。格式如下，其中 op 是算術運算子 +, -, *, /, //, %, **（加減乘除商餘次方）。

f op= g
　　　　　　1. 等同 f = f op g
　　　　　　2. 可看成 f, g 先進行 op 運算，再將結果指定給 f

op 和 = 中間
不能有空白

以 a += 3 為例，「+=」表示「先 + 後 =」，所以 a 會先 + 3，然後再將加 3 後的值指定（=）給 a。以下是複合指定運算子的實例。

複合指定運算式	一般指定運算式
i += j	i = i + j
i -= 1	i = i - 1
i //= 10	i = i // 10
i %= 2	i = i % 2

變數與運算式 ◂◂ Chapter 02

複合指定運算子具有指定的功能,所以優先權跟指定運算子一樣,低於算術運算子。若無法確定優先順序時,可將先要執行的運算用小括號 ( ) 括起來,以免錯誤。

下例中,i *= j + 1,等同 i = i * (j + 1),並不是 i = i * j + 1,因為 + 優先權高於 *=,所以會先運算。運算的順序如下:

① 先執行 j + 1　　② 再執行 i * (j + 1)　　③ 將 i * (j + 1) 指定 = 給 i

$$i *= j + 1 \longrightarrow i *= j + 1 \longrightarrow i = i * (j + 1)$$

+ 高於 *=　　✗　i = i * j + 1

範例 2.4-9　整數的位數

輸入一個 3 位數整數,輸出其各個位數,例如:輸入 239,顯示 2 3 9。

解題方法

1. 若整數為 n,個位數:n % 10。
2. 十位數:n // 10 可去除個位數,再將此數指定給 n 後,n % 10 即十位數。
3. 百位數:同理,將步驟 2 所得的 n 除以 10,即 n // 10,再將此數指定給 n 後,n % 10 即百位數。
4. 例如:輸出 578 各個位數的步驟可圖解如下

```
n │ 5 │ 7 │ 8 │    ❶ n % 10    →  8

              ❷ n = n // 10

n │ 5 │ 7 │      ❸ n % 10    →  7

              ❹ n = n // 10

n │ 5 │
```

2-25

所以反覆使用運算子 % 和 //，可找出更多位數整數的各個位數。

5. 由步驟 4，可找出顯示各個位數的通則

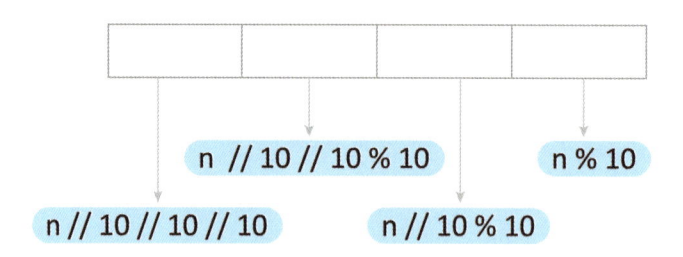

```
              n // 10 // 10 % 10           n % 10
     n // 10 // 10 // 10        n // 10 % 10
```

程式設計

```python
1 n = int(input())
2 d1 = n % 10                #找出個位數d1
3 n = n // 10                #去除n的個位數，再指定給n，可寫成n //= 10
4 d2 = n % 10                #找出十位數d2
5 n = n // 10                #去除n的個位數，再指定給n，可寫成n //= 10
6 print(n, d2, d1)
```

執行結果

```
789

7 8 9
```

說明

1. 第 2 行　d1 = 578 % 10 = 8，取得個位數 8
2. 第 3 行　n = n // 10 = 578 / 10 = 57
3. 第 4 行　d2 = n % 10 = 57 % 10 = 7，取得十位數 7
4. 第 5 行　n = n // 10 = 57 // 10 = 5

範例 2.4-10　BMI計算

寫一程式，輸入身高（cm）和體重（kg）後，能將「身體質量指數 BMI」顯示於螢幕上，BMI = 體重（kg）/ 身高 ^{2}（m^2）。

輸入：2 個用空白隔開的整數，代表身高（cm）和體重（kg）。

輸出：BMI 值，取至小數第 1 位。

解題方法

1. 若身高為 h，h 輸入的單位是 cm，BMI 計算用的單位是 m，所以使用 h = h / 100，將 cm 轉成 m。
2. 計算 bmi，因為 h^2 要先運算，所以運算式可寫為 bmi = w / (h ** 2)。
3. 由於 ** 運算的優先權高於 /，所以 h ** 2 會先運算，因此 h ** 2 可以不用加上括號，可寫成 bmi = w / h ** 2。

程式設計

```
1 h, w = map(int,input().split())    #讀取輸入，轉成整數，指定給h,w
2 h = h / 100                        #將h由cm轉成m，可寫成h /= 10
3 bmi = w / h ** 2                   #計算bmi值
4 print(f'{bmi:.1f}')
```

執行結果

```
170 60

20.8
```

2.4.4 關係運算子（== != > < >= <= in not in）

關係運算子又稱比較運算子，可用來比較或檢查兩個運算式的關係，結果是布林值，不是 True（1），就是 False（0），一般應用於值的比較或檢查成員。

1. 值的比較 ==, !=, >, >=, <, <=

運算子	意義	數學式	運算式	結果
==	等於	=	2 == 1	False
!=	不等於	≠	2 != 1	True
>	大於	>	2 > 1	True
>=	大於等於	≥	2 >= 1	True
<	小於	<	2 < 1	False
<=	小於等於	≤	2 <= 1	False

關係運算子的優先權低於算術運算子。例如：

```
a, b, c = 2, 3, 6
a == 5                  #2==5，所以為False
a * b >= c              #2*3>=6，6>=6，所以為True
b + 4 > a * c           #3+4>2*6，7>12，所以為False
```

關係運算子的兩個字元間不能有空白，次序也不可以更換。例如：

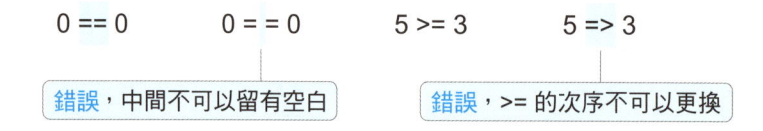

0 == 0　　0 = = 0　　5 >= 3　　5 => 3

錯誤，中間不可以留有空白　　錯誤，>= 的次序不可以更換

設計程式時，要注意 =, ==, != 三個運算子的區別，以避免發生錯誤。

=	指定運算子	將右邊運算式的值指定給左邊的變數
==	關係運算子	比較兩個運算元的值是否相等
!=	關係運算子	比較兩個運算元的值是否不相等

以下列舉一些使用關係運算子的實例，例如：

① 判斷 x, y 兩數是否相等

　若 x == y 成立，x, y 就相等。注意，不能用 x = y。

② 判斷 n 是否是奇數

　若 n % 2 == 1 或 n % 2 != 0 成立，n 就是奇數。

③ 判斷 n 是否是偶數

　若 n % 2 == 0 或 n % 2 != 1 成立，n 就是奇數。

2. 檢查成員 in, not in

運算子 in, not in 可用於成員檢查，若 x 是 s 的成員（或 x 在 s），則 x in s 為 True，否則為 False。同理，x not in s 會回傳 x in s 的反值。

2.4.5 邏輯運算子（and or not）

Python 的邏輯運算子及其運算結果如下：

意義	運算子
且	and
或	or
非	not

A	B	A and B	A or B	not A
False	False	False	False	True
False	True	False	True	True
True	False	False	True	False
True	True	True	True	False

常用的雙邊界不等式亦可使用 and 來表示，如 $0 \leq x < 1$ 可表示如下

```
0 <= x < 1
```
　或　
```
0 <= x and x < 1
```

邏輯運算子 and、or、not 常用於複合條件式，複合條件式是包含多個條件的條件式，其運算結果是布林值。例如：要表示「未滿 12 歲或身高低於

120 公分」的條件式,若 age 為年齡,high 為身高,「未滿 12 歲」的條件式是 age < 12,「身高低於 120 公分」則是 high < 120,「或」是 or,結合這兩個條件式的複合條件式如下:

```
age < 12 or high < 120
```

Python 判斷複合條件式時,會<u>由左到右</u>依序判斷。如上例,會先判斷 age < 12 是否成立,若成立,直接回傳 True,不再往下判斷 high < 120。

運算式有多個運算子時,會依其<u>優先權</u>從高到低依次運算。運算子的優先權如下:

①	括號	( )
②	算術運算子	** * / // % + -(先指數乘除後加減)
③	關係運算子	== != > >= < <= in not in
④	邏輯運算子	not > and > or(先 not 再 and 後 or)
⑤	(複合)指定運算子	= += -= *= /= //= %= **=

如下例,not a and b 會先運算 not,等同 (not a) and b,結果為 False,再運算 False and b,結果為 False。

```
a, b, c = True, False, True
print(not a and b)          #輸出False
```

注意,類似「n 等於 1 或 -1」的例子,應寫成

```
n == 1 or n == -1
```

不可從語意上,直接寫成 n == 1 or -1,因為 Python 會將其解讀 (n == 1) or (-1),-1 是一個非 0 的數,會被解釋為 True,所以此運算式永遠為 True,因此無法正確判斷 n 的值。

小試身手

1. 成績 s 介於 80 與 89 之間(包含兩者)的條件式可寫為 ＿＿＿＿＿＿

   若使用邏輯運算子,上式可寫為 ＿＿＿＿＿＿

2. 不等於 -2 和 0 的整數 n 可表示為 _____

3. 寫出下列條件式

    (1) 可以被 2 整除的所有整數 n _____

    (2) 不能被 3 整除的所有整數 n _____

    (3) 可以被 2 整除，但不能被 3 整除的整數 n _____

4. 三角形任兩邊和要大於第三邊。若 a, b, c 為三線段長

    (1) 寫出此三線段任兩個的和要大於第三個的三個條件式

    _____ _____ _____

    (2) 寫出此三線段構成三角形的條件式

    _____

範例 2.4-11　59 加 1 分

老師宣布，學期成績 59 分者，一律以 60 分計，不用補考。寫一程式，使用關係運算子，將 59 分自動加 1 分，其餘成績不變。

輸入：學生成績。

輸出：處理後的成績。

解題方法

1. 若成績為 s，59 分的條件是 s == 59。s == 59 會傳回一個布林值 (True 或 False)，在 Python 中，True 可以被轉換為整數 1，False 可以被轉換為 0。

    也就是條件成立時，s == 59 會得 1（True），不成立則會得 0（False），所以可直接輸出 s + (s == 59)。

2. 若 s = 59，s + (s == 59) → 59 + (59 == 59) → 59 + 1 → 60

    若 s = 75，s + (s == 59) → 75 + (75 == 59) → 75 + 0 → 75

程式設計

```
s = int(input())
print(s + (s == 59))
```

執行結果

```
59
60
```

```
75
75
```

學習挑戰

一、選擇題

1. 程式執行時,程式的變數值是存放在何處?

   (A) 主記憶體　　　　　　　　(B) 硬碟

   (C) USB　　　　　　　　　　(D) 雲端

2. 下列何者是正確的 Python 變數名稱?

   (A) a@gmail.com　　　　　　(B) total-no

   (C) 3w　　　　　　　　　　 (D) list_n0

3. 下列何者的布林值是 True?

   (A) ''　　　　　　　　　　　(B) ""

   (C) '0'　　　　　　　　　　 (D) 0

4. 執行以下程式,n 值為何?

   ```
   f = 3.14159
   n = int(f)
   ```

   (A) 3　　　　　　　　　　　 (B) 3.1

   (C) 4　　　　　　　　　　　 (D) 3.14159

5. 執行以下程式,輸入 10 和 20,輸出為何?

   ```
   s1 = input()
   s2 = input()
   print(s1 + s2)
   ```

   (A) 30　　　　　　　　　　　(B) 1020

   (C) 10 + 20　　　　　　　　(D) 2010

6. 下列哪一個 f 字串的 x 值是取至小數第 3 位?

   (A) f'{x}.3f'　　　　　　　(B) f'{x}.{3f}'

   (C) f'{x.3f}'　　　　　　　(D) f'{x:.3f}'

7. 執行右列程式片段後，a + b = ?

   a, b = 3, 6
   a = b
   b = a

   (A) 6 (B) 9
   (C) 12 (D) 3

8. 下列敘述何者不正確？

   (A) sum = 0 (B) Sum = 0
   (C) a - b = 5 (D) s = ""

9. 下列敘述何者不正確？

   (A) a = b = 0 (B) b = input()
   (C) print(a + b) (D) a, b = -1

10. 執行以下程式，輸入１２，輸出為何？

    x, y = map(float, input().split())
    print(x, y, x + y)

    (A) 1 2 3 (B) 1 2 3.0
    (C) 1.0 2.0 3 (D) 1.0 2.0 3.0

11. 若 a, b, c, d = 2, 3, 4, 5，t = b // a + c % b + d // b，t 值為何？

    (A) 3 (B) 4
    (C) 5 (D) 6

12. 執行以下程式，p 值為何？

    i, j, k = 1, 2, 4
    p = i + 2 ** j - i // k

    (A) 6 (B) 5
    (C) 4 (D) 2

13. 若 n = 583，執行以下程式，下列何者不正確？

    ```
    a = n % 10
    n = n // 10
    b = n % 10
    c = n // 10
    ```

    （A）a = 3　　　　　　　　　　（B）b = 8

    （C）c = 5　　　　　　　　　　（D）n = 5

14. 若 a, b = 5.0, 1，執行 a += b 後，a 值為何？

    （A）1　　　　　　　　　　　　（B）5.0

    （C）6　　　　　　　　　　　　（D）6.0

15. 若 x = 36，執行 x %= 15 後，x 值為何？

    （A）2　　　　　　　　　　　　（B）3

    （C）6　　　　　　　　　　　　（D）14

16. 若 a = 3, b = 3, c = 6，下列哪一個不是正確的關係運算式？

    （A）a * b >= c　　　　　　　（B）a = b

    （C）b + 4 < a * c　　　　　　（D）a <= b

17. 將 50 < x < 59 表示成 50 < x □ x < 59，□ 內應填入下列何者？

    （A）or　　　　　　　　　　　（B）+

    （C）and　　　　　　　　　　（D）==

18. 若 not (x1 or x2) 為 True，則 x1 與 x2 的值應為何？

    （A）x1 為 False，x2 為 False　（B）x1 為 True，x2 為 True

    （C）x1 為 True，x2 為 False　（D）x1 為 False，x2 為 True

19. 執行以下程式，輸出為何？

    ```
    s = 100
    print(s - (s == 100))
    ```

    （A）99　　　　　　　　　　　（B）100

    （C）True　　　　　　　　　　（D）False

20. 執行以下程式，輸出為何？

    ```
    a, b, c = 5, 5, 6
    print(a == b and b <= c)
    ```
    （A）a == b and b <= c　　　　　（B）a == b
    （C）True　　　　　　　　　　　（D）False

二、應用題

1. 執行下列敘述，輸出結果分別為何？

    ```
    i = 1; j = 2; k = 3; m = 4
    print(k + m < j or 3 - j >= k)
    print(m % 2 == 0 and j % 2 != 0)

    x = y = True; z = False
    print(not y or (z or not x))
    print(z or (x and(y or z)))
    ```

2. 寫出 2 種將 a, b 兩數交換的敘述。

3. 輸入錢包內的金額及某件商品的價格，輸出購買該商品後，錢包剩餘的金額。設錢包的錢 >= 商品的價格。

4. 小新開店賣衣服，若店面租金每天 a 元，一件衣服賣 b 元，成本 c 元，每天賣出 d 件，寫一程式，輸入 a, b, c, d，輸出他的獲利。

5. 國外棒球的球速都以每小時多少英里（mile）為單位，台灣則是使用公里（km），1 mile = 1.6 km，寫一程式，輸入英里數，輸出對應的公里數。

6. 寫一程式，輸入梯形的上底、下底、高，輸出此梯形的面積。

7. 圓柱體體積 = 上下底圓面積 × 柱高，表面積 = 上下底圓面積 + 側面積。寫一程式，輸入半徑和柱高後，輸出圓柱體的體積與表面積。

8. 百貨公司周年慶，推出消費每滿 1000 元，就折抵 100 元。寫一程式，輸入消費金額後，能輸出應付金額。

9. 小明到商店購物,花了 n 元(<= 1000),他拿出一張千元紙鈔付帳,寫一程式,輸出最少會找回幾張 500, 100 元紙鈔,幾個 50, 10, 5, 1 元銅板。

10 寫一程式,輸入一個 6 位數的整數後,輸出奇位數和與偶位數和的差。
例如:輸入 201856,奇位數和 6 + 8 + 0 = 14,偶位數和 5 + 1 + 2 = 8,所以輸出 14 - 8 = 6。

03

循序結構與選擇結構

本章學習重點

- 結構化程式設計的概念
- 單向選擇結構（if 指令）
- 雙向選擇結構（if - else 指令）
- 巢狀選擇結構
- 多向選擇結構（if - elif 指令）
- APCS 實作題

本章學習範例

- 範例 3.2-1 自動進位
- 範例 3.2-2 偶數個數
- 範例 3.2-3 三數最大數（d065）
- 範例 3.3-1 打折問題
- 範例 3.3-2 奇偶數（d064）
- 範例 3.3-3 大寫字母判斷
- 範例 3.4-1 閏年判斷（a004）
- 範例 3.4-2 三角形面積（d489）
- 範例 3.5-1 計分程式（a053）
- 範例 3.5-2 等第判斷
- 範例 3.5-3 月份轉季節
- 範例 3.5-4 二元五則運算
- 範例 3.6-1 籃球賽（201906 APCS 第 1 題）

3.1 結構化程式設計的概念

3.1.1 程式流程控制

程式通常會依照敘述的順序，從第 1 行、第 2 行、第 3 行、直到最後一行，一步一步循序地執行。但很少程式會如此簡單，程式常需要根據條件判斷，選擇執行不同的程式碼，或重複執行相同的程式碼。這種選擇程式分支和決定敘述執行的順序，就是程式流程控制。

為了使程式容易閱讀、除錯、及維護，最好使用結構化程式設計，也就是只使用下列三種結構設計程式（圖 3-1），避免使用跳躍結構。

1. 循序（sequence）結構

    循序結構是依敘述出現的順序，一步一步循序地執行，如下圖（A）。

2. 選擇（selection）結構

    選擇結構是依條件判斷的結果，選擇執行不同的程式碼，如下圖（B）。選擇結構的指令包含 if、if - else、if - elif 等。

3. 重複（repetition）結構

    重複結構是重複執行某些程式碼，直到滿足特定條件，如下圖（C）。選擇結構的指令包含 for、while 等。

（A）循序結構　　　（B）選擇結構　　　（C）重複結構

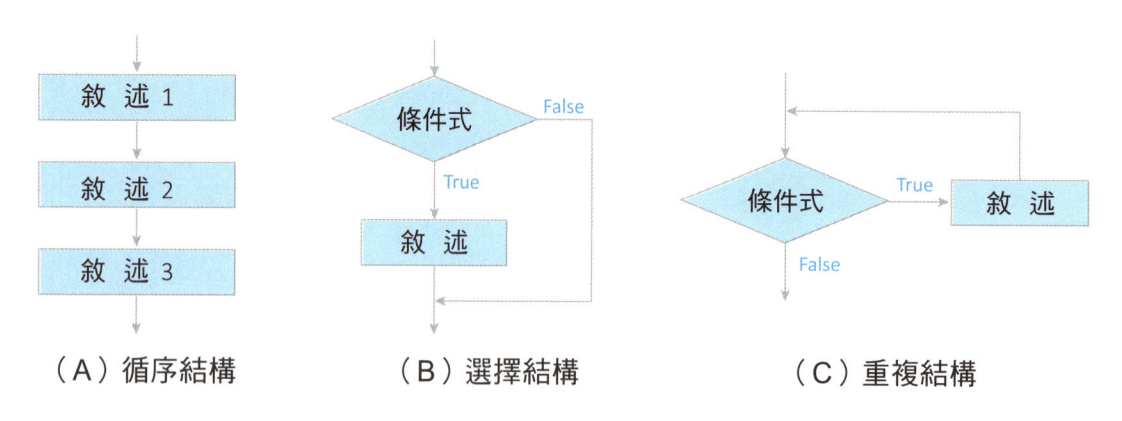

圖 3-1 結構化程式設計的流程圖

3.1.2 循序結構

循序結構是按照敘述出現的順序，一步一步循序地執行。例如：交換 x, y 兩數的敘述如下圖，三個敘述必須按部就班執行，才能得到兩數交換的結果，如果順序不對，就無法讓 x, y 兩數交換（圖 3-2）。

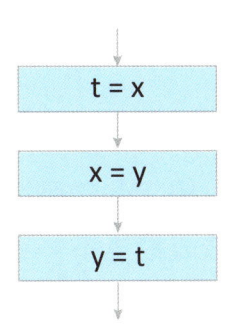

```
t = x
x = y
y = t
```

圖 3-2 循序結構的例子，兩數交換

3.2　單向選擇結構（if 指令）

選擇結構一般可分成單向、雙向、多向選擇結構。單向選擇結構是使用 if 指令，語法與流程圖如圖 3-3，若條件式為真（True），才執行敘述，否則（False）不執行。

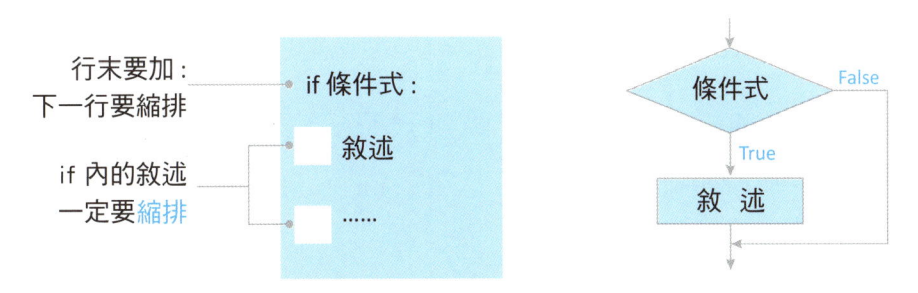

圖 3-3 if 的語法與流程圖

if 條件式後一定要加上冒號：，在 Python 中，：表示下一行程式碼要縮排，所以 if 內的敘述要縮排。Python 使用縮排來區分程式區塊，相同縮排的程式碼屬同一區塊（圖 3-4）。

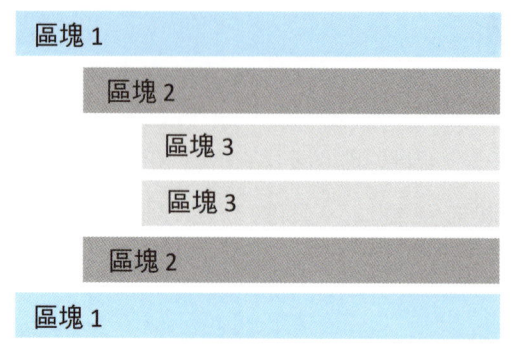

```
          區塊 1
              區塊 2
                  區塊 3
                  區塊 3
              區塊 2
          區塊 1
```

圖 3-4 Python 使用縮排來區分程式區塊

　　縮排常用 4 個空格，也可以按 Tab 鍵縮排。若不同編輯器定義的 Tab 鍵空格數不同，開啟舊檔時，會造成縮排不一致。縮排一定要一致，不要有的縮排 4 個空格，有的 3 個，有的用 Tab 鍵。

　　不正確的縮排會造成<u>語法錯誤</u>，也可能會造成執行結果錯誤，撰寫程式時，務必留意。例如：以下程式會因 print 沒有縮排，出現錯誤訊息。

```
if a == 1:              #:表示下一行要縮排
print('a是 1')          #此行是if內的敘述，要縮排
```

　　再舉個例子，「如果 a > 0，輸出 a 值及 a 是正數。」若程式撰寫如下：

- if 下方有 2 行程式縮排，屬同一區塊。a > 0，會執行這 2 行，否則都不執行。
- 若 a = -1，a > 0 為 False，不執行這 2 行程式，所以不會輸出任何資料。

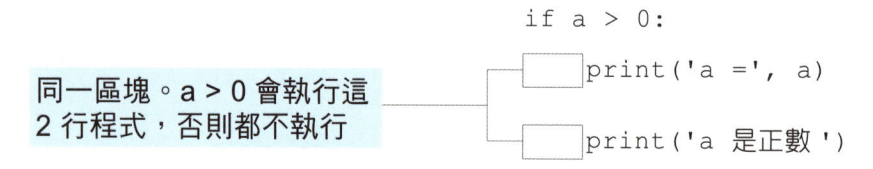

```
                    if a > 0:
                        print('a =', a)
                        print('a 是正數 ')
```

同一區塊。a > 0 會執行這 2 行程式，否則都不執行

　　但若程式撰寫如下：

- if 下方有 1 行縮排，a > 0，會執行這 1 行，否則不執行。
- 第 3 行沒有縮排，所以不論 a > 0 成立或不成立，都會執行這行。
- 若 a = -1，a > 0 為 False，不執行 print('a =', a)，但仍會執行 print('a 是正數 ')，輸出 'a 是正數 '，但 -1 不是正數，所以會造成語意錯誤。

循序結構與選擇結構 ◀◀ Chapter 03

```
                              if a > 0:
a > 0 會執行這 1 行，否則不執行 ────────    print('a =', a)

if 外的敘述，一定會執行這 1 行 ──────── print('a 是正數 ')
```

範例 3.2-1　自動進位

有一購物網站明定會員購物金額末 2 位數高於（含）90 者，累積之消費金額一律直接自動進位百元，其餘消費金額不變。寫一程式，輸入購物金額後，輸出當次的累計金額。

範例一：輸入	範例二：輸入
3990	889
範例一：正確輸出	範例二：正確輸出
4000	889

解題方法

1. 若輸入的購物金額為 n，購物金額末 2 位數 r 是 n 除以 100 的餘數，也就是 r = n % 100。

2. 末 2 位數高於（含）90 的條件式是 r >= 90，如果條件式成立，就將購物金額 n + 100 - 末 2 位數，就是當次累計的金額，也就是 n = n + 100 - r。

3. 解題流程圖如下：

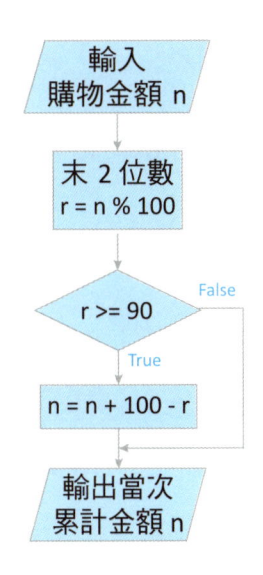

```
        ┌─────────────┐
        │   輸入      │
        │ 購物金額 n  │
        └──────┬──────┘
               │
        ┌──────┴──────┐
        │  末 2 位數   │
        │ r = n % 100 │
        └──────┬──────┘
               │
           ╱───┴───╲         False
          ╱ r >= 90 ╲────────────┐
          ╲         ╱            │
           ╲───┬───╱             │
             True                │
        ┌──────┴──────┐          │
        │ n = n + 100 - r │      │
        └──────┬──────┘          │
               ├──────────────────┘
        ┌──────┴──────┐
        │  輸出當次   │
        │ 累計金額 n  │
        └─────────────┘
```

3-5

程式設計

```
1 n = int(input())          # 讀取輸入的購物金額，轉成整數n
2 r = n % 100               # r為購物金額之末2位數
3 if r >= 90:               # 如果r >= 90
4     n = n + 100 - r       # 當次累計金額為購物金額n+(100-r)
5 print(n)
```

執行結果

90	1669
100	1669

範例 3.2-2　偶數個數

寫一程式，能從某一範圍的連續整數中，計算出偶數的個數，0 也是偶數。

輸入：2 個用空白隔開的整數 a 和 b（a≤b）。

輸出：1 個整數，代表 a 與 b 間（含 a 與 b）的偶數個數。

範例一：輸入	範例一：正確輸出
10 100	46

解題方法

1. 解題方法可以將輸入的整數 a 和 b 都設為範圍內的偶數，這樣 b - a 除以 2 + 1 就是兩數間的偶數個數。

2. 若 a 是奇數（a % 2 == 1），將 a 加 1，使它變成偶數。

3. 若 b 是奇數（b % 2 == 1），將 b 減 1，使它變成偶數。

4. a 與 b 間的偶數個數為 (b - a) // 2 + 1，因為 a, b 都是偶數，所以個數要加 1。注意，此處要使用整數除法 //，否則結果會是浮點數。

5. 解題流程圖如下：

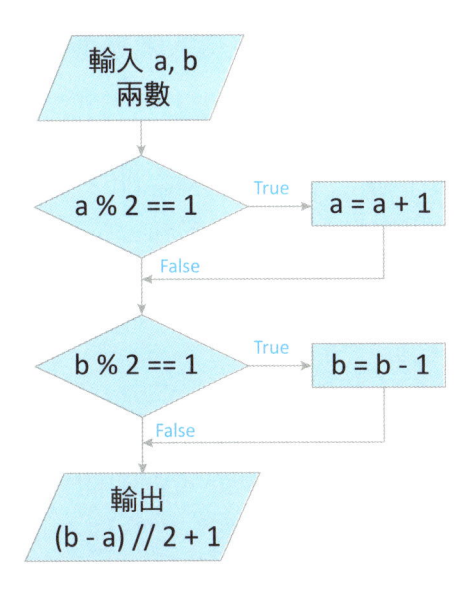

```
        輸入 a, b
          兩數
           ↓
      ┌─────────┐   True   ┌─────────┐
      │a % 2 == 1├─────────→│ a = a + 1│
      └────┬────┘          └────┬────┘
         False                  │
           ↓←─────────────────────┘
      ┌─────────┐   True   ┌─────────┐
      │b % 2 == 1├─────────→│ b = b - 1│
      └────┬────┘          └────┬────┘
         False                  │
           ↓←─────────────────────┘
         輸出
     (b - a) // 2 + 1
```

程式設計

```python
1 a, b = map(int,input().split())    #讀取輸入，轉成整數，指定給a,b
2 if a % 2 == 1:                      #若a是奇數
3     a = a + 1                       #將a加1
4 if b % 2 == 1:                      #若b是奇數
5     b = b - 1                       #將b減1
6 print((b - a) // 2 + 1)             #計算並輸出a,b間的偶數個數
```

執行結果

0 2	10 10	11 21
2	1	5

範例 3.2-3　三數最大數（d065）

寫一程式，輸入 3 個整數，輸出 3 數之最大數與最小數。

輸入：3 個用空白隔開的整數。

輸出：3 數之最大數與最小數，用一個空格隔開。

範例一：輸入	範例一：正確輸出
1 2 3	3 1

解題方法

1. 思考解題策略，可想像有一個「找最大數的擂台」，每一個數依序上擂台和最大數比較，如果此數大於最大數，則將擂台上的最大數改為此數。

2. 若三數為 a, b, c，a 先上擂台，此時擂台上並沒有最大數，所以 a 是最大數。

3. 換 b 上擂台和最大數比，若最大數比 b 小，則將最大數設為 b。

4. 換 c 上擂台和最大數比，若最大數比 c 小，則將最大數設為 c。

5. 同理，也可以使用此法找出最小數。

6. 解題流程圖如下：

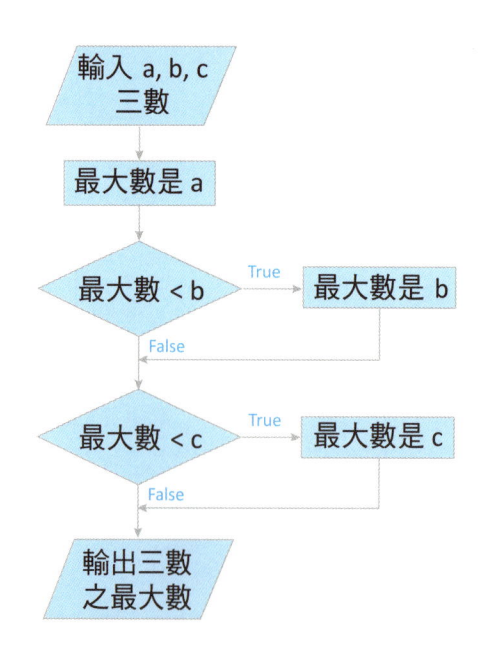

程式設計

```
1  a, b, c = map(int,input().split())    #讀取輸入，轉成整數，指定給a,b,c
2  ma = mi = a                           #將最大數ma和最小數mi都設為a
3  if ma < b:                            #將最大數ma和b比，若比b小
4      ma = b                            #將最大數ma設為 b
5  if ma < c:
6      ma = c
7  if mi > b:                            #將最小數mi和b比，若比b大
8      mi = b                            #將最小數mi設為b
9  if mi > c:
10     mi = c
11 print(ma, mi)                         #輸出最大數和最小數
```

執行結果

```
3 6 9

9 3
```

3.3　雙向選擇結構（if - else 指令）

　　if - else 指令是如果條件式成立（True），執行敘述 1；否則（False）執行敘述 2（圖 3-5）。

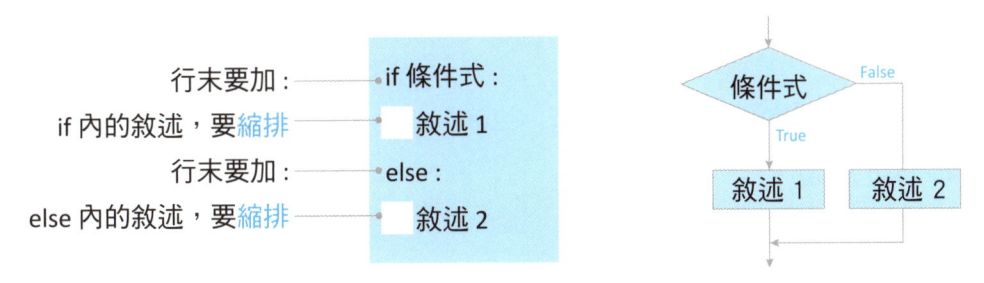

圖 3-5　if - else 的語法與流程圖

例如：輸出整數 n 是奇數或偶數的程式碼如下：

```
if n % 2 != 0:
    print(n,'是奇數')
else:
    print(n,'是偶數')
```

```
if n % 2 == 1:
    print(n,'是奇數')
else:
    print(n,'是偶數')
```

在 Python 中，if - else 敘述可以寫在一行，讓程式更簡潔。例如：

①「輸出 n 是奇數或是偶數」

```
print(n,'是奇數') if n % 2 == 1 else print(n,'是偶數')②
```

②「變數 odd 設為 1，若 n 是奇數，否則為 0」

```
odd = 1 if n % 2 == 1 else 0
```

範例 3.3-1　打折問題

有家百貨公司的促銷方案為購物 2000 元以下打 95 折，2000 元及以上打 9 折。輸入購物金額，輸出應付金額，請取整數。

範例一：輸入	範例二：輸入
2000	1000
範例一：正確輸出	範例二：正確輸出
1800	950

解題方法

1. 本題只需判斷購物金額是否 < 2000，只有一個條件式，所以可使用 if - else 解題。

2. 解題演算法可設計如下：

   輸入購物金額 m

   if 購物金額 m < 2000:

   　　輸出購物金額打九五折 int(m * 0.95)

   else:

   　　輸出購物金額打九折 int(m * 0.9)

3. 解題流程圖如下：

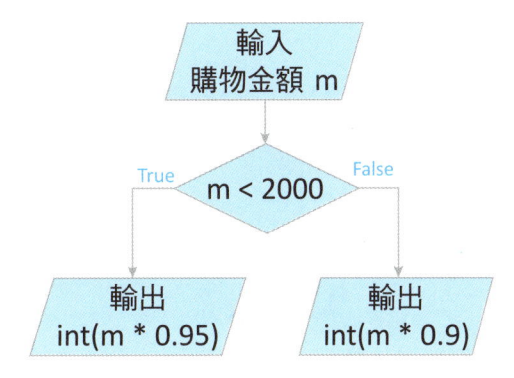

```
           ┌──────────┐
           │  輸入    │
           │購物金額 m│
           └────┬─────┘
                ↓
      True  ╱ m < 2000 ╲  False
      ┌────┤           ├────┐
      ↓     ╲         ╱     ↓
 ┌─────────┐              ┌─────────┐
 │  輸出   │              │  輸出   │
 │int(m*0.95)│            │int(m*0.9)│
 └─────────┘              └─────────┘
```

程式設計

```
1  m = int(input())              #讀取輸入的購物金額，轉成整數m
2  if m < 2000:
3      print(int(m * 0.95))      #輸出打95折後的金額，使用int()取整數
4  else:
5      print(int(m * 0.9))       #輸出打9折後的金額，使用int()取整數
```

執行結果

2001	999
1801	949

說明

可將 if - else 敘述可以寫在一行

```
print(int(m * 0.95)) if m < 2000 else print(int(m * 0.9))
```

範例 3.3-2　奇偶數（d064）

輸入一個整數，若是奇數輸出 odd，偶數輸出 even。

解題方法

1. 若輸入的整數為 n，判斷 n 除以 2 的餘數（n％2），若餘數為 0，輸出 even，否則輸出 odd。

2. 解題流程圖如下：

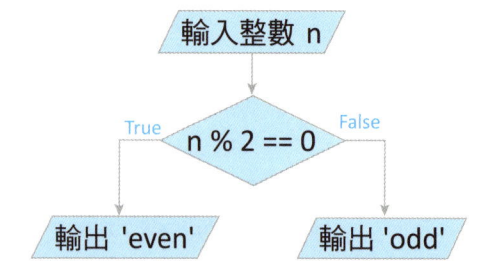

程式設計

```
n = int(input())              #讀取輸入，轉成整數n
                              #輸出odd，若n%2等於1，否則輸出even
print('odd') if n % 2 == 1 else print('even')
```

執行結果

```
11

odd
```

```
0

even
```

範例 3.3-3　大寫字母判斷

輸入一個字元，若是大寫英文字母，輸出「大寫字母」，若不是，輸出「不是大寫字母」。

解題方法

1. 若輸入的字母為 c，判斷 c 是否介於字母 'A' 與 'Z' 間（'A' <= c <= 'Z'），若是，輸出「大寫字母」，否則輸出「不是大寫字母」。
2. 注意，條件式不能寫成 A <= c <= Z，因為 A 和 Z 若沒有被 ' 或 " 括起來，就不是字串，而是變數。
3. 解題流程圖如下：

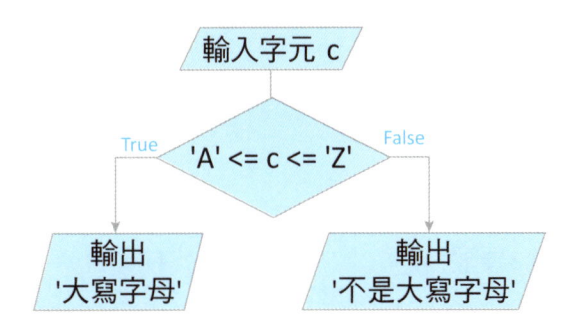

```
         輸入字元 c
             │
   True  ┌───◇───┐  False
   ┌────'A'<=c<='Z'────┐
   ▼                   ▼
  輸出               輸出
 '大寫字母'        '不是大寫字母'
```

程式設計

```
c = input()      #讀取輸入的字元 c
                 #輸出大寫字母，若c介於'A'~'Z'，否則輸出不是大寫字母
print('大寫字母') if 'A' <= c <= 'Z' else print('不是大寫字母')
```

執行結果

6	Z
不是大寫字母	大寫字母

3-13

3.4 巢狀選擇結構

巢狀選擇結構是 if 內還有 if 敘述。使用巢狀選擇結構時，應注意 if 和 else 的配對。例如：輸入兩整數 x, y，判斷座標 (x, y) 在第幾象限的程式碼如下：

```
x, y = map(int,input().split())
if x > 0:
    if y > 0:
        print('第1象限')          #x>0且y>0
    else:
        print('第4象限')          #x>0且y<0
else:
    if y > 0:
        print('第2象限')          #x<0且y>0
    else:
        print('第3象限')          #x<0且y<0
```

範例 3.4-1　閏年判斷（a004）

寫一程式，輸入西元年，判斷這年是閏年或是平年。閏年的規則是「四年一閏，逢百不閏，四百再閏」，因此判斷的條件是

1. 西元年能被 400 整除，為閏年。
2. 西元年能被 4 整除，但不能被 100 整除，為閏年。
3. 閏年外，其餘皆為平年。

輸入：西元年。

輸出：閏年或平年。

範例一：輸入

2020

範例一：正確輸出

閏年

範例二：輸入

2100

範例二：正確輸出

平年

解題方法

1. 設輸入的西元年為 y，「y 能被 400 整除」的條件式是 y % 400 == 0，則 y 年是閏年。

2. 「y 能被 4 整除」的條件式是 y % 4 == 0；「y 不能被 100 整除」則是 y % 100 != 0。所以「能被 4 整除，不能被 100 整除」的條件式是 y % 4 == 0 and y % 100 != 0，則 y 年是閏年。

3. 其餘（else）皆為平年。

4. 解題流程圖如下：

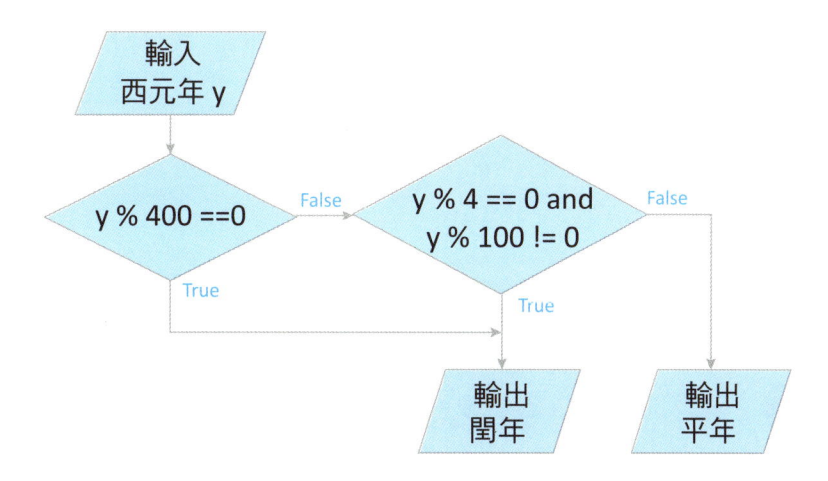

程式設計

```
1 y = int(input())              #讀取輸入的西元年，並轉成整數y
2 if y % 400 == 0:              #若西元年y可以被400整除
3     print('閏年')              #輸出閏年
4 else:                         #否則(y不能被400整除)
5     if y % 4 == 0 and y % 100 != 0:   #若y可被4整除，不能被100整除
```

```
6            print('閏年')                    #輸出閏年
7        else:
8            print('平年')
```

執行結果

2000	1800
閏年	平年

說明

可將判斷閏年的各個條件式，寫在一個複合條件，將程式改寫如下：

```
y = int(input())
if y % 400 == 0 or (y % 4 == 0 and y % 100 != 0):
    print('閏年')
else:
    print('平年')
```

也可以寫成：

```
y = int(input())
print('閏年') if y % 400 == 0 or(y % 4 == 0 and y % 100 != 0) else print('平年')
```

範例 3.4-2　三角形面積（d489）

有一塊土地的價值是其面積的平方，寫一程式，輸入 3 數，代表三角形的三邊長，若能構成一個三角形，輸出土地總價，否則輸出「無法構成三角形」。總價請取整數，去除小數值。

範例一：輸入	範例二：輸入
5 12 13	4 5 6
範例一：正確輸出	範例二：正確輸出
900	98

3-16

解題方法

1. 先判斷三邊能否構成三角形,如果可以,計算三角形面積,否則輸出「無法構成三角形」。

2. 若三邊長為 a, b, c,構成三角形的條件是「任兩邊和都要大於第三邊」,所以以下條件式要成立。

    a + b > c 且 b + c > a 且 c + a > b

3. 計算三角形面積可使用海龍公式(Heron's formula)

    m = (a + b + c) / 2,面積 = $\sqrt{m(m-a)(m-b)(m-c)}$

    總價 = m * (m - a) * (m - b) * (m - c)

4. 因為總價要取整數,所以輸出 int(總價)

5. 解題流程圖如下:

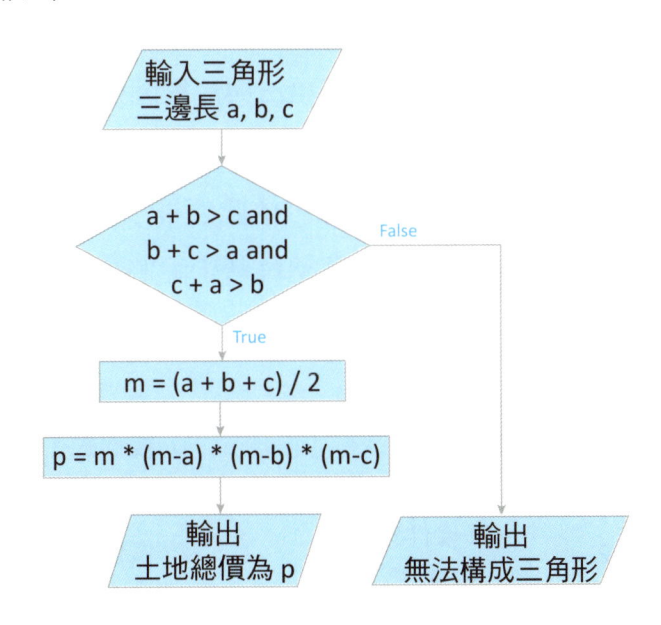

程式設計

```
1  a,b,c = map(int,input().split())        #讀取輸入的三邊長,並轉成整數
2  a,b,c
3  if a + b > c and b + c > a and c + a > b:   #若任兩邊和大於第三邊
       m =(a + b + c) / 2                    # m等於三邊之和的一半
```

3-17

```
4      p = m * (m - a) * (m - b)* (m - c)  #海龍公式,p是三角形面積的平方
5      print(int(p))                        #總價取整數後輸出
6 else:                                     #任兩邊和大於第三邊不成立
7      print('無法構成三角形')
```

執行結果

1 2 3	3 4 5	11 15 19
無法構成三角形	36	6792

3.5 多向選擇結構（if - elif 指令）

elif 是 else if 的縮寫，if - elif 是依序判斷多個條件式，那個條件式成立，就執行此條件式內的敘述，最後若都不成立，就執行 else 的敘述。有多個條件式要判斷，就可使用 if - elif，其語法與流程圖如下（圖 3-6）。

若條件式 1 成立，則執行敘述 1，不再往下繼續判斷其他條件式；若條件式 1 不成立，則繼續判斷條件式 2，依此類推，當所有條件式都不成立時，執行 else 內的敘述 n。此結構只會執行其中一個敘述，最後一個 else 後不需有 if 條件式。

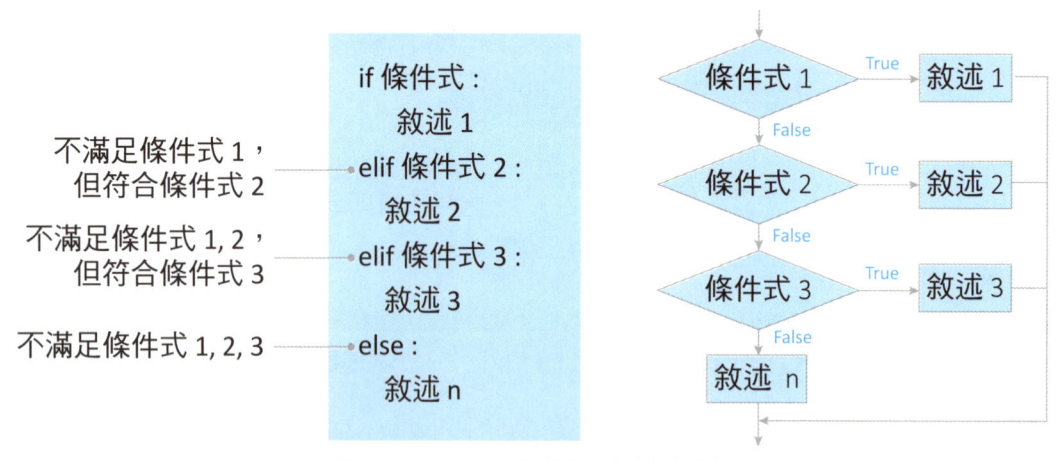

圖 3-6 if - elif 的語法與流程圖

例如：判斷 a, b 兩數大小關係的程式，可撰寫如下：

```
if a == b:
    print('兩數相等')
elif a > b:
    print('a較大')
else:                    #此行不用寫成elif a < b:
    print('b較大')
```

注意，else 是「如果上面的條件都不滿足，就…」，所以敘述「else:」不用寫成「elif a < b:」，因為 a == b、a > b 都不滿足，else 就一定是 a < b，所以不需再寫出 if 條件式。

巢狀選擇結構也可用 if - elif 和 and 來寫，降低程式的複雜性，讓程式碼更簡潔易維護。例如：判斷座標 (x, y) 象限的程式也可以撰寫如下：

```
x, y = map(int,input().split())
if x > 0 and y > 0:
    print('第1象限')
elif x > 0 and y < 0:
    print('第4象限')
elif x < 0 and y > 0:
    print('第2象限')
else:
    print('第3象限')
```

範例 3.5-1　計分程式（a053）

有次考試老師依答對題數，訂定給分的規則如下，寫一程式，輸入答對題數，輸出得分。

1. 1～10 題，每題 6 分。

2. 11～20 題，每題 2 分，前 10 題每題還是 6 分。

3. 21 ~ 40 題，每題 1 分。

4. 40 題以上，一律 100 分。

範例一：輸入

15

範例一：正確輸出

70

範例二：輸入

26

範例二：正確輸出

86

解題方法

1. 此題有多個條件式要判斷，可使用 if - elif 指令。

2. 若答對題數為 n，答對 0 ~10 題的條件式為（0 <= n <= 10），可得 6 * n 分。注意，答對 0 題也要考慮進去。

3. 答對 11 ~ 20 題（11 <= n <= 20），前 10 題得 10 * 6 = 60 分，超過的題數 n - 10，可得 (n - 10) * 2，共得 (n - 10) * 2 + 60 分。

4. 答對超過 21 ~ 40 題（21 <= n <= 40），前 20 題得 10 * 6 + 10 * 2 = 80 分，超過的題數 n - 20，可得 (n - 20) 分，共 (n - 20) + 80 分。

5. 解題流程圖如下：

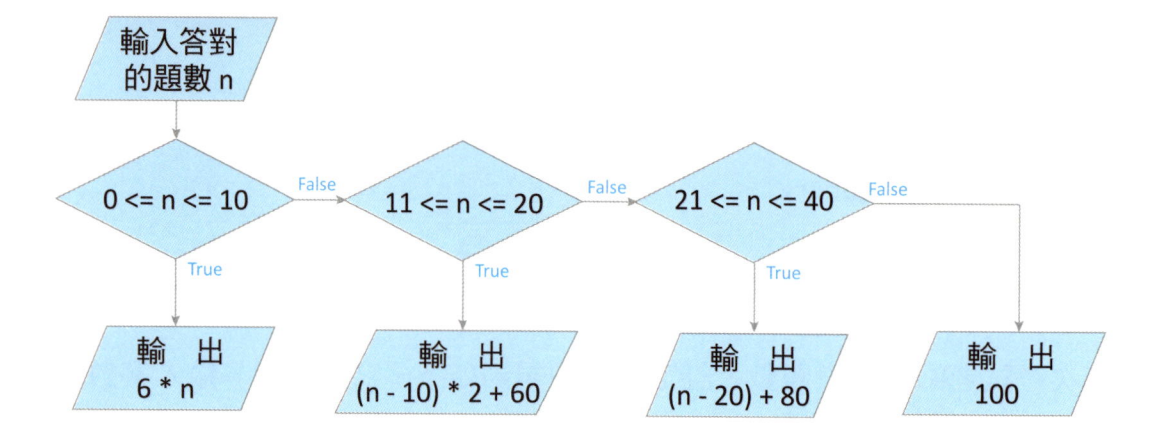

程式設計

```
1 n = int(input())                #讀取輸入的答對題數，並轉成整數 n
2 if 0 <= n <= 10:
3     print(6 * n)
4 elif 11 <= n <= 20:
5     print((n - 10) * 2 + 60)
6 elif 21 <= n <= 40:
7     print((n - 20) + 80)
8 else:
9     print('100')
```

執行結果

35	46	0
95	100	0

範例 3.5-2　等第判斷

成績轉換成等第的規則如下，寫一程式，輸入成績，輸出對應的等第。

優：90 分（含）至 100 分　　　　甲：80 分（含）以上，未滿 90 分

乙：70 分（含）以上，未滿 80 分　　丙：60 分（含）以上，未滿 70 分

丁：未滿 60 分

解題方法

1. 共有 5 種等第要判斷，所以可使用 if - elif 解題。
2. 等第判斷之值為一數值範圍，所以可以使用比對一個數值範圍的方式。

3. 解題流程圖如下：

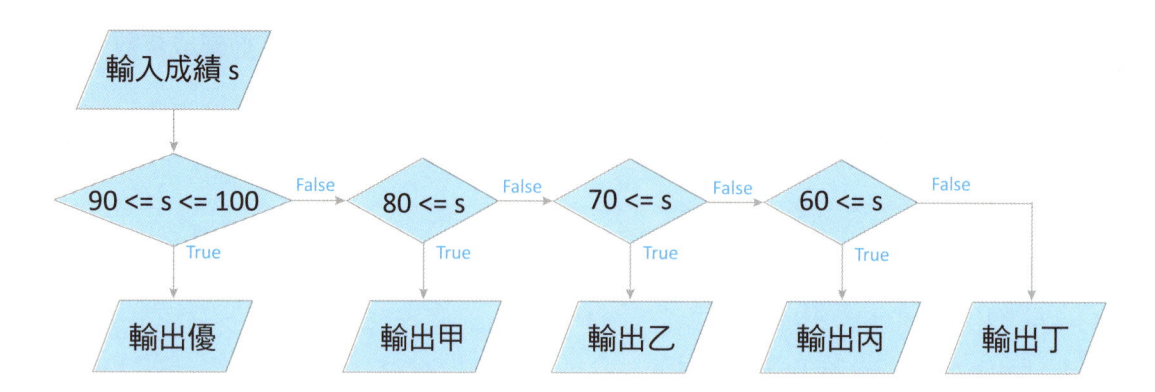

```
輸入成績 s
    ↓
90 <= s <= 100 ──False──→ 80 <= s ──False──→ 70 <= s ──False──→ 60 <= s ──False──→ 輸出丁
    ↓True              ↓True              ↓True              ↓True
  輸出優              輸出甲              輸出乙              輸出丙
```

程式設計

```
1  s = int(input())              #讀取輸入的成績，並轉成整數s
2  if 90 <= s <= 100:
3      print('優')
4  elif 80 <= s:                 #等同80<=s<90
5      print('甲')
6  elif 70 <= s:                 #等同70<=s<80
7      print('乙')
8  elif 60 <= s:                 #等同60<=s<70
9      print('丙')
10 else:                         #等同60<s
11     print('丁')
```

執行結果

85	70	69
甲	乙	丙

說明

第 4 行的條件式雖然可以寫成 80 <= s < 90，但因第 2 行 90 <= s <= 100 不成立，所以 s 一定 < 90，80 <= s < 90 右邊的 < 90 就可省略，直接寫成 80 <= s。其餘條件式，可依此類推。

範例 3.5-3　月份轉季節

一年四季的月份是春季 3 ~ 5 月，夏季 6 ~ 8 月，秋季 9 ~ 11 月，冬季 12 ~ 2 月。寫一程式，輸入月份，輸出對應的季節。若輸入的月份不正確，輸出「月份錯誤」。

解題方法

1. 一年四季，可以使用 if - elif 解題。

2. 先檢查輸入的月份是否正確，比較特殊的是冬季 12 ~ 2 月，所以先判斷是否是春、夏、秋季，若都不是（else），就會是冬季。

3. 解題流程圖如下：

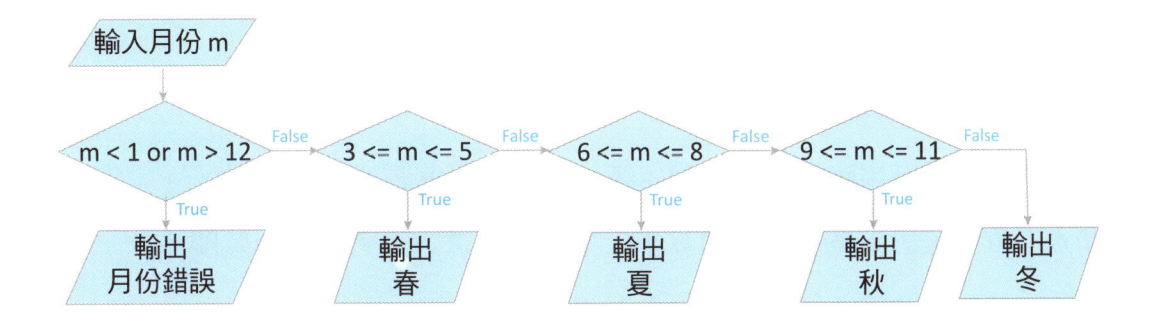

```
輸入月份 m
    │
    ▼
m < 1 or m > 12 ──False──▶ 3 <= m <= 5 ──False──▶ 6 <= m <= 8 ──False──▶ 9 <= m <= 11 ──False──▶ 輸出 冬
    │True                    │True                   │True                    │True
    ▼                        ▼                       ▼                        ▼
 輸出月份錯誤              輸出春                   輸出夏                   輸出秋
```

3-23

程式設計

```
1  m = int(input())              #讀取輸入的月份,並轉成整數m
2  if m < 1 or m > 12:           #如果輸入的月份m<1或>12
3      print('月份錯誤')
4  elif 3 <= m <= 5:
5      print('春')
6  elif 6 <= m <= 8:
7      print('夏')
8  elif 9 <= m <= 11:
9      print('秋')
10 else:
11     print('冬')
```

執行結果

1	3	13
冬	春	月份錯誤

範例 3.5-4　二元五則運算

寫一程式,能輸出兩整數加、減、乘、求商、求餘數的運算結果。

輸入:依序是第 1 個整數、運算子、第 2 個整數,三者用空白隔開。

輸出:運算式運算的結果,若輸入不正確的運算子,輸出「輸入錯誤」。

範例一:輸入

1 + 6

範例一:正確輸出

7

範例二:輸入

20 % 3

範例二:正確輸出

2

解題方法

1. 讀取輸入的資料 n1, op, n2,並將 n1, n2 轉成整數。

2. 有 5 種運算子要判斷,分別是 +、-、*、//、%,可使用 if - elif 指令,根據不同的運算子,輸出不同的運算結果。

3. 解題流程圖如下:

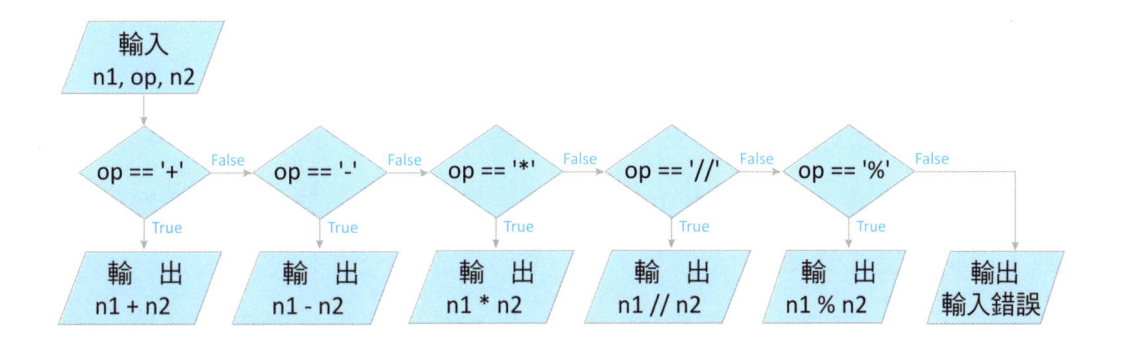

```
輸入
n1, op, n2
  │
  ▼
op == '+' ──False──▶ op == '-' ──False──▶ op == '*' ──False──▶ op == '//' ──False──▶ op == '%' ──False──▶ 輸出
  │True               │True                │True                 │True                  │True                 輸入錯誤
  ▼                   ▼                    ▼                     ▼                      ▼
輸出                輸出                 輸出                  輸出                   輸出
n1 + n2             n1 - n2              n1 * n2               n1 // n2               n1 % n2
```

程式設計

```python
1  n1, op, n2 = input().split()        #讀取輸入的運算式n1,op,n2
2  n1, n2 = int(n1), int(n2)           #將n1,n2轉為整數
3  if op == '+':
4      print(n1 + n2)
5  elif op == '-':
6      print(n1 - n2)
7  elif op == '*':
8      print(n1 * n2)
9  elif op == '//':
10     print(n1 // n2)
11 elif op == '%':
12     print(n1 % n2)
13 else:                               #如果輸入的運算子不是以上5個
14     print('輸入錯誤')
```

執行結果

1 - 6	8 * 3	19 // 5	7 @ 3
-5	24	3	輸入錯誤

3.6 APCS實作題

範例 3.6-1　籃球賽（201906 APCS 第 1 題）

APCS 舉辦籃球賽，每場都有主隊與客隊。寫一程式，讀入兩場籃賽的四節分數，自動產生比賽結果。

輸入：共 4 行，每行有 4 個數字。第 1, 2 行分別代表主隊與客隊第一場比賽四節的得分，第 3, 4 行 則是第二場比賽四節的得分，所有得分都介於 0 ~ 100。

輸出：共 3 行，第 1, 2 行以「主隊總分：客隊總分」的方式，輸出兩場比賽結果。若主隊贏兩場，第 3 行輸出 Win，平手輸出 Tie，客隊贏兩場輸出 Lose。每場一定要分出勝負，不會有同分的形情。

範例一：輸入	範例二：輸入
22 16 23 22	10 20 20 10
18 16 25 20	14 13 14 20
20 18 25 20	21 20 25 12
20 22 24 20	20 22 23 16
範例一：正確輸出	範例二：正確輸出
83:79	60:61
83:86	78:81
Tie	Lose

解題方法

1. 輸入資料共 4 行，每行有 4 節得分，所以可分 4 次，每次依序讀取輸入的 4 節得分，加總算出 2 場主客隊的總分，最後根據比分，決定輸出 Win、Tie、或 Lose。

2. 解題演算法可設計如下：

    讀取第 1 行整數，加總，指定給主隊第 1 場得分 h1

    讀取第 2 行整數，加總，指定給客隊第 1 場得分 a1

    讀取第 3 行整數，加總，指定給主隊第 2 場得分 h2

    讀取第 4 行整數，加總，指定給客隊第 2 場得分 a2

    輸出兩場比賽的比數，也就是 h1:a1 和 h2:a2

    如果 h1 > a1 且 h2 > a2

    　　輸出 Win

    否則如果 h1 < a1 且 h2 < a2

    　　輸出 Lose

    否則

    　　輸出 Tie

3. 解題流程圖如下：

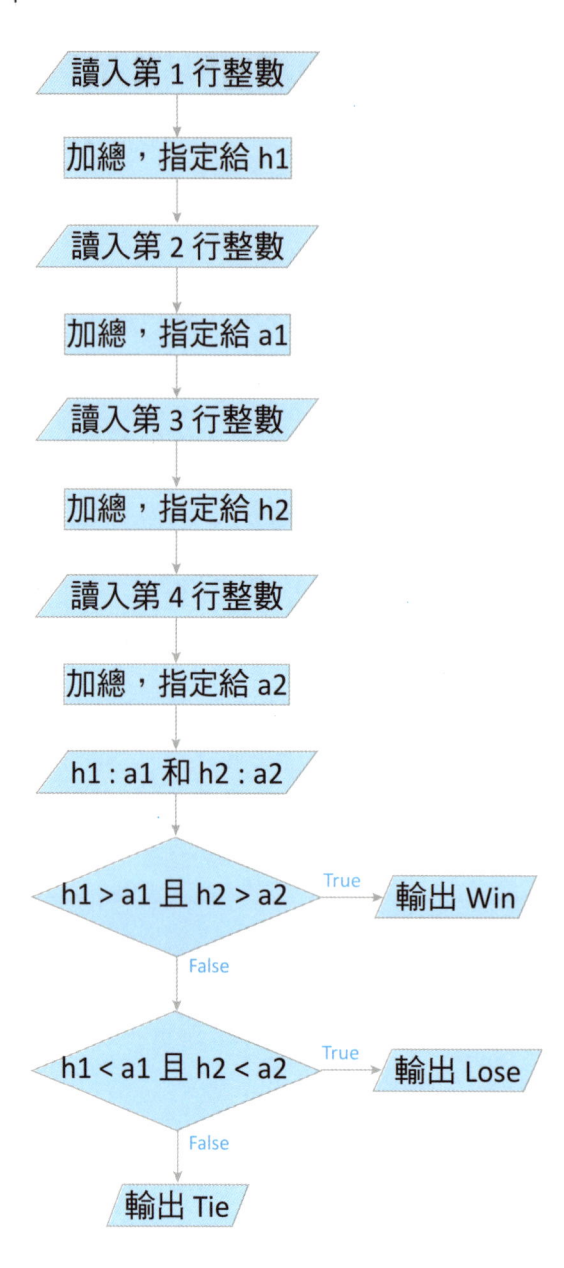

```
┌─────────────────┐
│ 讀入第 1 行整數 │
└────────┬────────┘
         ▼
┌─────────────────┐
│ 加總，指定給 h1 │
└────────┬────────┘
         ▼
┌─────────────────┐
│ 讀入第 2 行整數 │
└────────┬────────┘
         ▼
┌─────────────────┐
│ 加總，指定給 a1 │
└────────┬────────┘
         ▼
┌─────────────────┐
│ 讀入第 3 行整數 │
└────────┬────────┘
         ▼
┌─────────────────┐
│ 加總，指定給 h2 │
└────────┬────────┘
         ▼
┌─────────────────┐
│ 讀入第 4 行整數 │
└────────┬────────┘
         ▼
┌─────────────────┐
│ 加總，指定給 a2 │
└────────┬────────┘
         ▼
┌──────────────────┐
│ h1 : a1 和 h2 : a2 │
└────────┬─────────┘
         ▼
   ╱ h1 > a1 且 ╲  True   ┌──────────┐
   ╲ h2 > a2    ╱────────▶│ 輸出 Win │
         │ False          └──────────┘
         ▼
   ╱ h1 < a1 且 ╲  True   ┌───────────┐
   ╲ h2 < a2    ╱────────▶│ 輸出 Lose │
         │ False          └───────────┘
         ▼
   ┌──────────┐
   │ 輸出 Tie │
   └──────────┘
```

程式設計

```python
1  a,b,c,d = map(int,input().split())  #讀取第1行輸入的4數,並轉成整數
2  h1 = a + b + c + d                   #加總,指定給主隊第1場得分h1
3  a,b,c,d = map(int,input().split())
4  a1 = a + b + c + d
5  a, b, c, d = map(int,input().split())
6  h2 = a + b + c + d
7  a, b, c, d = map(int,input().split())
8  a2 = a + b + c + d
9  print(f'{h1}:{a1}')                  #使用f字串,輸出比數
10 print(f'{h2}:{a2}')
11 if h1 > a1 and h2 > a2:              #如果2場主隊都贏
12     print('Win')
13 elif h1 < a1 and h2 < a2:            #如果2場主隊都輸
14     print('Lose')
15 else:                                #否則(主隊一勝一負)
16     print('Tie')
```

執行結果

```
27 27 22 27        17 20 32 24
22 17 27 24        19 23 16 22
16 23 35 20        24 25 24 25
27 24 24 29        22 24 11 18

103:90             93:80
94:104             98:75
Tie                Win
```

學習挑戰

一、選擇題

1. 下列何者不是結構化程式設計的指令？

    (A) goto (B) if
    (C) while (D) for

2. 執行以下程式，輸出為何？

    ```
    a, b = 1, 2
    c = b; b = c; a = c
    print(a, b)
    ```

    (A) 1 1 (B) 1 2
    (C) 2 1 (D) 2 2

3. Python 使用下列何者來區分程式區塊？

    (A) {} (B) ()
    (C) ; (D) 縮排

4. 在 Python 中，下列哪一個符號表示下一行程式碼要縮排？

    (A) ; (B) :
    (C) , (D) %

5. 執行以下程式，哪一個 g 值會輸出 good! ？

    ```
    if g >= 90:
        print('good!')
    ```

    (A) 90 (B) 80
    (C) 70 (D) 60

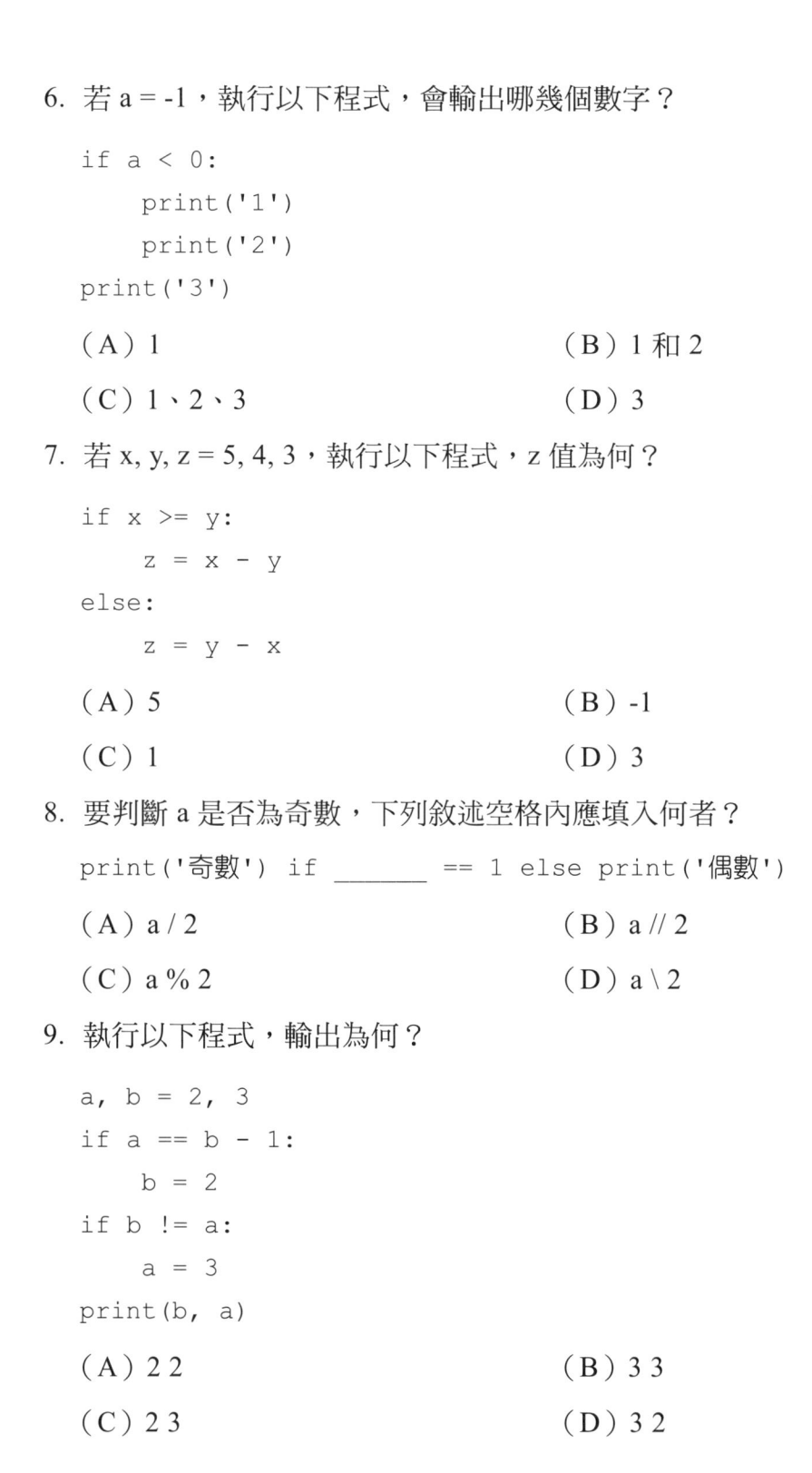

6. 若 a = -1，執行以下程式，會輸出哪幾個數字？

   ```
   if a < 0:
       print('1')
       print('2')
   print('3')
   ```

   (A) 1　　　　　　　　　　　(B) 1 和 2

   (C) 1、2、3　　　　　　　　(D) 3

7. 若 x, y, z = 5, 4, 3，執行以下程式，z 值為何？

   ```
   if x >= y:
       z = x - y
   else:
       z = y - x
   ```

   (A) 5　　　　　　　　　　　(B) -1

   (C) 1　　　　　　　　　　　(D) 3

8. 要判斷 a 是否為奇數，下列敘述空格內應填入何者？

   ```
   print('奇數') if _____ == 1 else print('偶數')
   ```

   (A) a / 2　　　　　　　　　 (B) a // 2

   (C) a % 2　　　　　　　　　 (D) a \ 2

9. 執行以下程式，輸出為何？

   ```
   a, b = 2, 3
   if a == b - 1:
       b = 2
   if b != a:
       a = 3
   print(b, a)
   ```

   (A) 2 2　　　　　　　　　　(B) 3 3

   (C) 2 3　　　　　　　　　　(D) 3 2

10. 執行以下程式，下列何者正確？

    ```
    if t >= 'A' and t <= 'Z':
        print('1')
    else:
        print('2')
    ```

    （A）t = 'a' 時，輸出 1　　　　　　（B）t = '0' 時，輸出 1

    （C）t = 'X' 時，輸出 2　　　　　　（D）t = 'Z' 時，輸出 1

11. 執行以下程式，會依序輸出哪幾個字母？

    ```
    if 60 <= 12 * 5:
        print('A')
    print('B')
    ```

    （A）AB　　　　　　　　　　　　（B）BA

    （C）A　　　　　　　　　　　　　（D）B

12. 執行以下程式，結果為何？

    ```
    if 8 < 5:
        print('*')
    elif 1 == 8:
        print('&')
    else:
        print('$')
    ```

    （A）*　　　　　　　　　　　　　（B）&

    （C）$　　　　　　　　　　　　　（D）&$

13. 若 x, y = -1, -3，執行以下程式，輸出為何？

    ```
    if x > 0 and y > 0:
        print('1')
    elif x > 0 and y < 0:
        print('4')
    elif x < 0 and y > 0:
        print('2')
    ```

```
else:
    print('3')
```

(A) 1　　　　　　　　　　　(B) 2
(C) 3　　　　　　　　　　　(D) 4

二、應用題

1. 學校到校時間是 7:50，16:30 才能離校。寫一程式，可以輸入時間，判斷現在是不是在校時間。

    輸入：兩個正整數，分別代表小時與分鐘，例如：16:50 輸入 16 50。

    輸出：是在校時間，輸出 Yes，否則輸出 No

2. 計程車的計費方式如下，寫一程式，輸入公里數，輸出應付的金額。

    (1) 基本費為 65 元

    (2) 超過 1000 公尺，每 500 公尺加收 5 元，不足 500 公尺以 500 公尺計算。

3. 某家百貨周年慶時，購物金額的折扣如下，寫一程式，輸入購物金額後，輸出應付金額，購物金額請取整數。

    (1)10,000（含）以上，打 9.5 折　　(2)50,000（含）以上，打 9 折

    (3)100,000（含）以上，打 8.5 折　　(4)150,000（含）以上，打 8 折

4. 寫一程式，輸入一字元後，能判斷輸入的字元是小寫字母、大寫字母、或數字。如果都不是，輸出 '特殊字元'。

5. 身體質量指數 BMI = 體重（kg）/ 身高^2（m），BMI 值的體位標準如下表。

寫一程式，輸入身高（cm）和體重（kg）後，輸出 BMI 的體位標準。

BMI 範圍	體位標準
BMI < 18.5	過輕
18.5 ≦ BMI < 24	正常範圍
24 ≦ BMI < 27	過重
27 ≦ BMI < 30	輕度肥胖
30 ≦ BMI < 35	中度肥胖
BMI ≧ 35	重度肥胖

04

重複結構

本章學習重點

- for 迴圈
- for 雙重迴圈
- while 迴圈
- 改變迴圈的執行
- APCS 實作題

本章學習範例

- 範例 4.1-1 數列和 1 加到 n
- 範例 4.1-2 個位數是 7 或 7 的倍數之和
- 範例 4.1-3 偶數和
- 範例 4.1-4 交錯調和級數
- 範例 4.1-5 計算複利
- 範例 4.2-1 九九乘法表
- 範例 4.2-2 星號三角形
- 範例 4.2-3 畢氏三元數
- 範例 4.3-1 數字倒轉（a038）
- 範例 4.3-2 位數和
- 範例 4.3-3 找出所有因數
- 範例 4.3-4 最大公因數（a024）
- 範例 4.4-1 猜數字遊戲
- 範例 4.4-2 質數判斷（a007）
- 範例 4.5-1 人力分配（201710 APCS 第 1 題）

4.1　for 迴圈

4.1.1　認識迴圈

程式往往會需要重複執行某些步驟，例如：要輸出 100 行字串 'Hello Python!'。若使用下面的程式碼，會非常不方便。

```
print('Hello Python!')
…………..                    ⎫
…………..                    ⎬  100 行
print('Hello Python!')     ⎭
```

程式內重複性的步驟，可使用重複結構來完成。重複結構是指重複執行某些敘述，直到滿足特定條件為止，也稱為迴圈（loop）。

Python 的重複結構有 for 和 while 兩種（圖 4-1），這兩種迴圈可以互相轉換。for 迴圈會在一定的範圍內重複執行迴圈，所以又稱計數迴圈，常用於有固定次數的迴圈。

while 迴圈則會根據條件判斷的結果，決定是否要繼續執行迴圈，所以又稱條件迴圈，常用於不固定次數的迴圈。

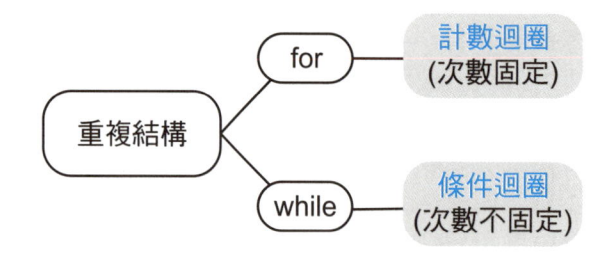

圖 4-1　重複結構的種類

4.1.2 認識 range() 函式

使用 for 迴圈前，先來認識 range() 函式。range 的意思是 範圍，range() 函式可以建立一個整數序列，讓程式依照序列裡的整數，來執行迴圈裡的敘述，其語法如下：

range([開始值 ,] 結束值 [, 間隔值])

0 可省略　　不含結束值　　1 可省略

range(開始值 , 結束值 , 間隔值) 是指建立一個整數序列，範圍是從「開始值」到「結束值」，每次隔一個「間隔值」。注意，範圍包含開始值，但並不包含結束值，也就是「顧頭不顧尾」。

range() 的開始值 0 或間隔值 1 可省略。以下以例子說明其使用方法：

1. range(5)

    建立的序列是 0, 1, 2, 3, 4，共 5 個，不包含 5。

    等同 range(0, 5, 1)，開始值 0 和間隔值 1 可省略。序列的範圍從 0 開始到 5 結束，每次增加 1。

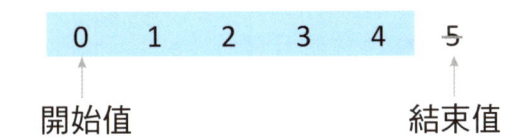

    0　1　2　3　4　5

    開始值　　　　　結束值

2. range(n)

    建立的序列有 n 個整數，範圍是 0 ~ n - 1，不包含 n。

3. range(2, 5)

    建立的序列是 2, 3, 4，共 3 (5 - 2) 個，不包含 5。

    序列的範圍從 2 開始到 5 結束，每次間隔 1，不包含 5。

4. range(m, n)

    建立的序列有 n - m 個整數（m < n），範圍是 m ~ n - 1，不包含 n。

5. range(2, 11, 3)

    建立的序列是 2, 5, 8,共 3 個,不包含 11。

    序列範圍從 2 開始到 11 結束,每次增加 3,不包含 11。

    ```
    2   3   4   5   6   7   8   9   10  11
        +3          +3          +3
    開始值                                結束值
    ```

6. range(5, 2)

    序列的範圍從 5 開始到 2 結束,每次增加 1,很明顯此序列不包含任何整數。

7. range(5, 2, -1)

    序列的範圍從 5 開始到 2 結束,不包含 2,每次 -1,因此是 5, 4, 3,共 3 個。

4.1.3 設計 for 迴圈

　　for 迴圈的語法如下,其中「可迭代物件(iterable object)」是指可使用重複的方式,一次傳回物件內的一個元素。

　　所以 for 的第 1 次迴圈會取出物件的第 1 個元素,將它指定給變數,第 2 次迴圈取出第 2 個,再將它指定給變數,依此類推,依序取出全部元素。

```
for 變數 in 可迭代物件:       # range()、字串、串列都是可迭代物件
    敘述
```

　　可使用 for 迴圈遍歷的物件,都是可迭代物件,如 range()、字串、串列等,都可使用迴圈取出每個元素。

　　for 迴圈常用 range() 來控制迴圈的執行,語法與流程圖如下(圖 4-2),注意,for 的行末要加冒號:,表示迴圈內的敘述要縮排。

```
for 變數 in range(開始值, 結束值, 間隔值):
    敘述
```

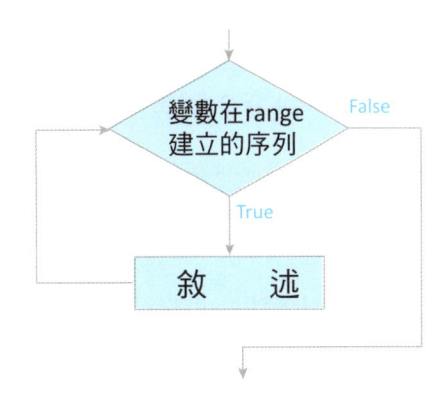

圖 4-2　for 迴圈的語法與流程圖

在 for 迴圈中，range() 函式會建立一個<u>整數</u>序列，程式會依序將序列裡的整數，指定給變數後，再執行迴圈裡的敘述。

此語法可以看成是「變數在範圍內，從開始值到結束值，每隔一個間隔值，執行迴圈。」以下列舉幾個例子說明：

例題 1

如以下程式，range(5) 的序列是 0, 1, 2, 3, 4，所以 i 會在（in）0, 1, 2, 3, 4 重複執行 print(i)。因此會輸出 0, 1, 2, 3, 4 共 5 列 i 值，輸出結果如下：

```
for i in range(5):          # i依序是0,1,2,3,4
    print(i)
```

```
0
1
2
3
4
```

for 迴圈執行的過程如下：

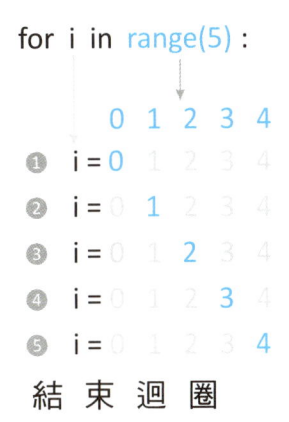

```
for i in range(5) :
                ↓
         0 1 2 3 4
❶  i = 0 1 2 3 4
❷  i = 0 1 2 3 4
❸  i = 0 1 2 3 4
❹  i = 0 1 2 3 4
❺  i = 0 1 2 3 4
     結 束 迴 圈
```

❶ 取序列第 1 個數 0，所以 i = 0，執行迴圈內的 print(i)，輸出 0 後換行。

❷ 取序列第 2 個數 1，所以 i = 1，執行迴圈內的 print(i)，輸出 1 後換行。

....

❺ 取序列第 5 個數 4，所以 i = 4，執行迴圈內的 print(i)，輸出 4 後換行。

依此類推，「for i in range(n):」表示迴圈會重複 n 次，i = 0 ~ n - 1，但不包含 n。

例題 2

如以下程式，range(2, 5) 的序列是 2, 3, 4，所以會在 i = 2, 3, 4 重複執行 print(i)，因此會輸出 2, 3, 4 共 3 列 i 值，輸出結果如下：

```
for i in range(2, 5):          #i的範圍是2 ~ 4，共3個，不包含5
    print(i)
```
```
2
3
4
```

例題 3

如以下程式，range(2, 11, 3) 的序列是 2, 5, 8，所以會在 i = 2, 5, 8 重複執行 print(i)，因此會輸出 2, 5, 8 共 3 列 i 值，輸出結果如下：

```
for i in range(2, 11, 3):      #i的範圍是2,5,8，不包含11
    print(i)
```
```
2
5
8
```

例題 4

如以下程式，range(5, 2) 的序列裡沒有任何一個整數，因此不會輸出任何 i 值。

```
for i in range(5, 2):          #此範圍不存在任何一個整數
    print(i)
```

例題 5

如以下程式,range(5, 2, -1) 的序列是 5, 4, 3,所以會在 i = 5, 4, 3 重複執行 print(i),因此會輸出 5, 4, 3 共 3 列 i 值,輸出結果如下:

```
for i in range(5,2,-1):      # i的範圍是5,4,3,不包含2
    print(i)
```
```
5
4
3
```

例題 6

前例要輸出 100 行 Hello Python!,可使用一個變數 _ 或其他變數,範圍 0～99,重複輸出字串 100 次,因此迴圈範圍可用 range(100)。

使用 _ 作為變數,是標示迴圈內<u>不會用到</u>此變數。使用重複結構的程式如下,遠比一開始的撰寫方法,更精簡有效率。

```
for _ in range(100):          #變數_在迴圈內不會用到
    print('Hello Python!')
```

範例 4.1-1　數列和 1 加到 n

寫一程式,輸出提示訊息「n=」後,輸入整數 n,輸出 1 + 2 + 3 + …… + n 之值。

範例一:輸入	範例二:輸入
n=10	n=100
範例一:正確輸出	範例二:正確輸出
55	5050

解題方法

1. 思考解題方法,可先讀取輸入的整數 n,再使用 for 迴圈,進行數列的累加,最後再輸出累加的值。

2. 讀取輸入的整數 n 時，因需輸出提示訊息「n=」，所以可用 n = int(input('n='))。

3. 規律數列的累加可使用 for 迴圈，讓 i 在 1 ~ n 重複並累加，所以使用 range(1, n + 1)。

4. 1 加到 n，等同 0 加到 n，所以 range(1, n + 1) 可寫為 range(n + 1)。

5. 使用 total 存放累加的值，其初始值為 0。注意，一定要設定初始值，否則會發生錯誤。

6. 將 i 累加到 total 可寫成 total = total + i。

每次執行迴圈內的 total = total + i 時，會先執行右邊的 total + i，再將其值指定給 total，所以 = 號右邊的 total 可視為是舊的值，左邊是新的值。

舊
total = total + i
新

i = 1，total = 舊的值 0 + 1（i），所以 total = 1

i = 2，total = 舊的值 1 + 2（i），所以 total = 1 + 2

i = 3，total = 舊的值 1 + 2 + 3（i），所以 total = 1 + 2 + 3

依此類推

i = n，total = 舊的值 + n（i），所以 total = 1 + 2 + 3 + …… + (n-1) + n

因此可完成 1 到 n 的累加。

7. 迴圈中,i 與 total 值的變化如下圖:

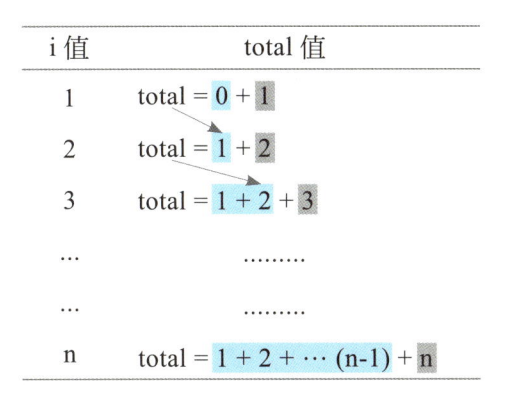

i 值	total 值
1	total = 0 + 1
2	total = 1 + 2
3	total = 1 + 2 + 3
...	....
...	....
n	total = 1 + 2 + ⋯ (n-1) + n

8. 解題演算法可設計如下:

輸入整數 n

累加的值 total 初始值設為 0

for i in range(n + 1):

　　將 i 累加到 total

輸出 total

9. 解題流程圖可設計如下:

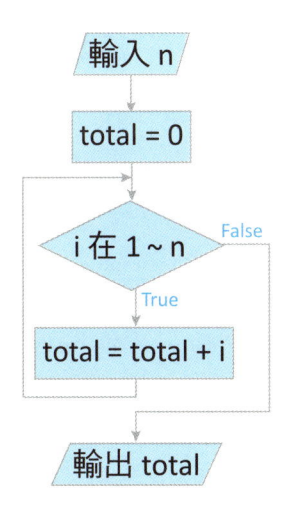

```
輸入 n
  ↓
total = 0
  ↓
┌→ i 在 1~n ──False──┐
│     │True         │
│ total = total + i │
└─────┘             │
  ↓ ←───────────────┘
輸出 total
```

程式設計

```
1 n = int(input('n='))          #提示n=後,讀取輸入,轉成整數n
2 total = 0                      #用total存放累加的值,初始值為0
3 for i in range(n + 1):         #執行迴圈,i從0 ~ n
4     total = total + i          #將i累加到total
5 print(total)
```

執行結果

| 1 | 500 |
| 1 | 125250 |

範例 4.1-2　個位數是 7 或 7 的倍數之和

寫一程式,輸出提示訊息「n=」後,輸入整數 n,輸出 1 ~ n 所有個位數是 7 或 7 的倍數的和。

範例一:輸入	範例二:輸入
10	20
範例一:正確輸出	範例二:正確輸出
7	38

解題方法

1. 思考解題方法,先讀取輸入的整數 n。再使用 for 迴圈,將 i = 1 ~ n 的整數中,個位數是 7 或是 7 的倍數,才進行累加,最後再輸出累加的值。

2. 讀取輸入的整數 n,輸出提示訊息「n=」,可用 n = int(input('n='))。

3. 使用 total 存放累加的值,其初始值為 0。

4. 累加可使用 for 迴圈,讓 i 在 1 ~ n 重複,0 不影響累加的值,所以可寫為 range(n + 1)。

5. 將以下條件轉成運算式

   個位數是 7 或 7 的倍數

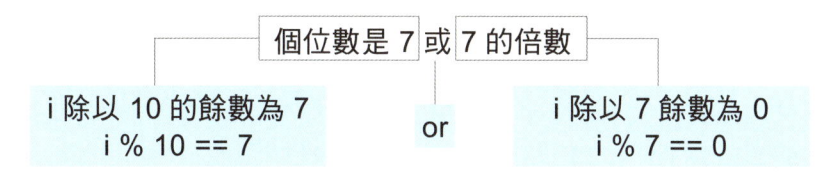

   i 除以 10 的餘數為 7　　or　　i 除以 7 餘數為 0
   i % 10 == 7　　　　　　　　　　i % 7 == 0

   也就是 i 在範圍內，滿足條件式 i % 10 == 7 or i % 7 == 0 才累加。

6. 解題演算法可設計如下：

   輸入整數 n

   累加的值 total 初始值設為 0

   for i in range(n + 1):

   　　　如果 i 的個位數是 7 或是 7 的倍數

   　　　　　　將 i 累加到 total

   輸出 total

7. 解題流程圖可設計如下：

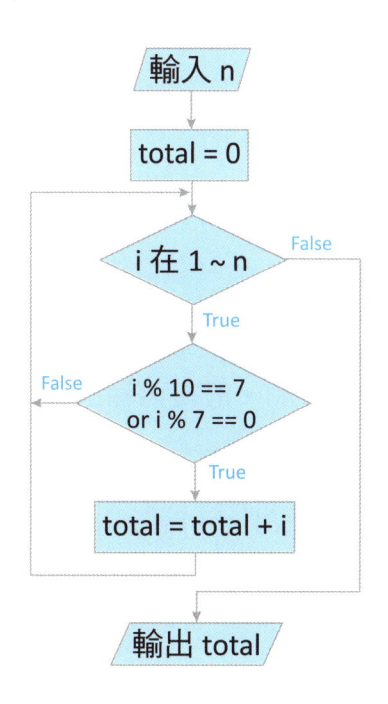

```
        輸入 n
          ↓
       total = 0
          ↓
    ┌─→ i 在 1～n ──False──┐
    │       │True          │
    │       ↓              │
    │  i % 10 == 7         │
    └False or i % 7 == 0   │
            │True          │
            ↓              │
       total = total + i   │
            │              │
            └──────────────┘
                ↓
            輸出 total
```

4-11

程式設計

```
1 n = int(input('n='))              #提示n=後,讀取輸入,轉成整數n
2 total = 0                         #用total存放累加的值,初始值為0
3 for i in range(n + 1):            #執行迴圈,i從0~n
4     if i % 10 == 7 or i % 7 == 0: #i的個位數是7或是7的倍數
5         total = total + i         #將i累加到total
6 print(total)
```

執行結果

```
100

1171
```

```
1000

113816
```

範例 4.1-3 偶數和

寫一程式,輸出提示訊息「n=」後,輸入 2 個用空白隔開的整數,輸出兩整數間(含兩數)所有偶數的和。

範例一:輸入

2 100

範例一:正確輸出

2550

解題方法

1. 思考解題的方法,讀取輸入的 2 個整數 a, b 後,再使用 for 迴圈,將 i = a ~ b,且 i 是偶數,才將 i 累加,最後再輸出累加的值。

2. 讀取輸入的 2 個用空白隔開的整數,所以 a, b = map(int, input().split))。

3. for 迴圈中,i 的範圍是 a ~ b,所以使用 range(a, b + 1)。for 迴圈設計如下:

for i in range(a, b + 1):

　　　　如果 i 是偶數才累加

4. i 是偶數的條件式是 i % 2 == 0，所以「如果 i 是偶數才加總」可寫成 if i % 2 == 0。

5. 解題演算法可設計如下：

　　輸入整數 n

　　累加的值 total 初始值設為 0

　　for i in range(a, b + 1):

　　　　如果 i 是偶數

　　　　　　將 i 累加到 total

　　輸出 total

6. 解題流程圖如下：

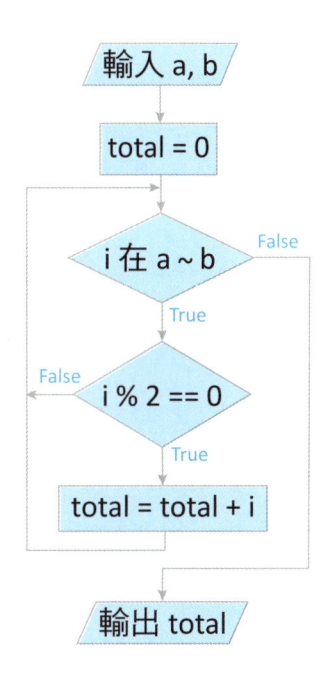

程式設計

```
1  a, b = map(int,input('n=').split())    #提示n=後，讀取輸入，轉成整數a,b
2  total = 0                              #用total存放累加值，初始值為0
3  for i in range(a,b + 1):               #執行迴圈，i從a ~ b
4      if i % 2 == 0:                     #如果i是偶數(i除以2的餘數是0)
5          total = total + i              #將i累加到total
6  print(total)
```

執行結果

100 101	99 9999
100	24992550

小試身手

使用 for 迴圈，完成以下程式。

1. 輸出 n + (n - 1) + …… + 2 + 1 的值。

2. 輸入 2 整數，找出兩數間（含兩數）所有 3 的倍數和。

3. 輸出 1 ~ n 所有奇數和。

4. 輸出 n! = 1 × 2 × 3…… × n 的值。

範例 4.1-4　交錯調和級數

寫一程式,輸入整數 n,計算並輸出 $1 - \frac{1}{2} + \frac{1}{3} - \frac{1}{4} \cdots\cdots \frac{1}{n}$ 之值,取至小數第 6 位。

範例一:輸入	範例二:輸入
2	5
範例一:正確輸出	範例二:正確輸出
0.5	0.783333

解題方法

1. 本題的解題方法和計算 1 加到 n 類似,不同的是整數項變成分數項,且數列每一項的 + - 號會交錯。

2. 使用 for 迴圈累加,如果每一項是 1 / (i + 1),i 的範圍會是 range(0, n),等同 range(n)。

3. 要讓數列每一項的 + - 號交錯出現,可將每一項的值 1 / (i + 1) 乘上 (-1) ** i。因為

   i = 0,(-1) ** 0 = 1,會乘 1。

   i = 1,(-1) ** 1 = -1,會乘 -1。

   依此類推,i = 2 乘 1,i = 3 乘 -1,………

4. 使用 total 存放累加值,初始值為 0,每次迴圈 total 累加

   1 / (i + 1) * (-1) ** i。

5. 要輸出 total 至小數第 6 位,可使用 f 字串,格式為 .6f。

6. 解題演算法可設計如下:

   輸入整數 n

   累加的值 total 初始值為 0

for i in range(n):

    將 1 / (i + 1) * (-1) ** i 累加到 total

輸出 total，取至小數第 6 位

7. 解題流程圖如下：

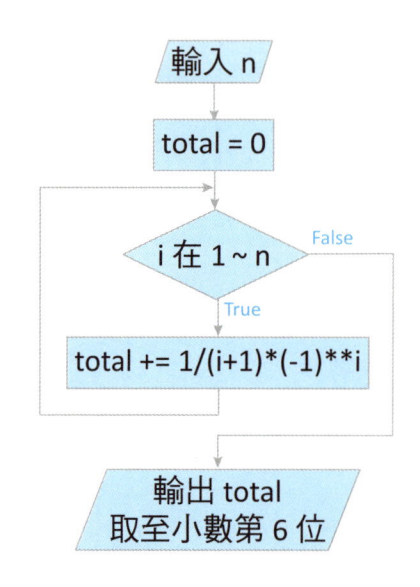

```
輸入 n
  ↓
total = 0
  ↓
i 在 1~n ──False──┐
  │ True          │
total += 1/(i+1)*(-1)**i
  │               │
  └───────────────┘
          ↓
    輸出 total
    取至小數第 6 位
```

程式設計

```python
1  n = int(input())              #讀取輸入，轉成整數n
2  total = 0                     #用total存放級數的和，初始值為0
3  for i in range(n):            #執行迴圈，i從0~n-1
4      total = total + 1/(i+1)*(-1)**i    #將1,-1/2,1/3,…累加到total
5  print(f'{total:.6f}')         #:.6f表示小數點6位的浮點數
```

執行結果

4	20
0.583333	0.668771

4-16

> 說明

若要將 + - 號放在每一項前面，因為運算的優先順序，1 / (i + 1) 需要加上括號，寫成敘述 (-1) ** i * (1 / (i + 1))

> 範例 4.1-5　計算複利

複利是指計算利息時，除了根據本金計算外，新得的利息也會納入下一期的本金中。例如：本金 1000 元，年利率 1.5%，第 1 年結束本金加利息（本利和）共 1000 * (1 + 0.015) = 1015 元，第 2 年變成 1015 * (1 + 0.015) 元，依此類推。寫一程式，能以複利計算期滿後的本利和。

輸入：本金（整數）、年利率（浮點數）%、年數（整數），三者用空白隔開。

輸出：本利和，取至整數。

範例一：輸入	範例一：正確輸出
500000 1.6 5	541301

> 解題方法

1. 思考計算本利和的方法，第 1 年的本利和就是第 2 年的本金；第 2 年的本利和，就是第 3 年的本金，以此類推。若本金 p、年利率 r、年數 y

   第 1 年本利和 = p * (1 + r)

   第 2 年本利和 = 第 1 年本利和 * (1 + r) = p * (1 + r)^2

   第 3 年本利和 = 第 2 年本利和 * (1 + r) = p * (1 + r)^3

   ……………

   第 y 年本利和 = 第 y - 1 年本利和 * (1 + r) = p * (1 + r)^y

2. 本題可使用 for 迴圈解題。年數是 y，所以範圍是 range(y + 1)，迴圈內的敘述如下：

   這一年的本利和 = 前一年的本利和 * (1 + r)

   也就是 p = p * (1 + r)

3. 因為年利率是使用 % 計算,所以讀入的年利率 r 在計算本利和時,需先除以 100。

4. 解題演算法可設計如下:

   輸入本金 p、年利率 r、年數 y

   for _ in range(y + 1):

   　　本利和 p = 前一年的本利和 p * (1 + r)

   輸出本利和 p,取至整數

5. 讀取輸入的本金 p、年利率 r、年數 y 時,因為資料可能包含整數或浮點數,所以不能使用 int(),需改用 eval(),也就是

   　p, r, y = map(eval, input().split())

6. 解題流程圖如下:

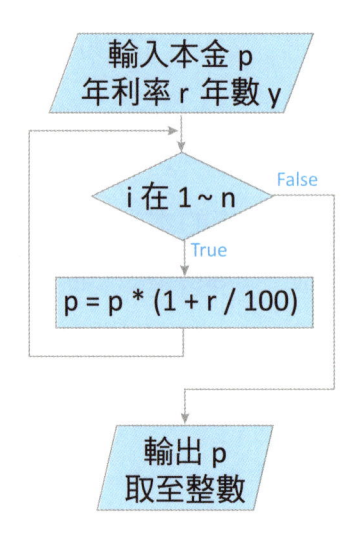

程式設計

```
1 p,r,y = map(eval,input().split())  #讀取輸入,轉成數值,指定給p,r,y
2 for _ in range(y):                 #迴圈共執行y次
3     p = p * (1 + r / 100)          #新的本利和=舊的本利和*(1+利率%)
4 print(f'{p:.0f}')
```

執行結果

```
10000 1.5 10

11605
```

4.2　for 雙重迴圈

4.2.1　認識雙重迴圈

　　for 雙重迴圈是 for 外層迴圈內還有一層 for 內迴圈（圖 4-3）；而 for 三重迴圈則是 for 外迴圈內有 for 中迴圈，中迴圈內還有 for 內迴圈。

```
                 for i in range(起始值, 結束值, 間隔值)：
                 ...............................
                    for j in range(起始值, 結束值, 間隔值)：
外迴圈   內迴圈        ..........
                       敘述 1
                       ..........
                    敘述 2
```

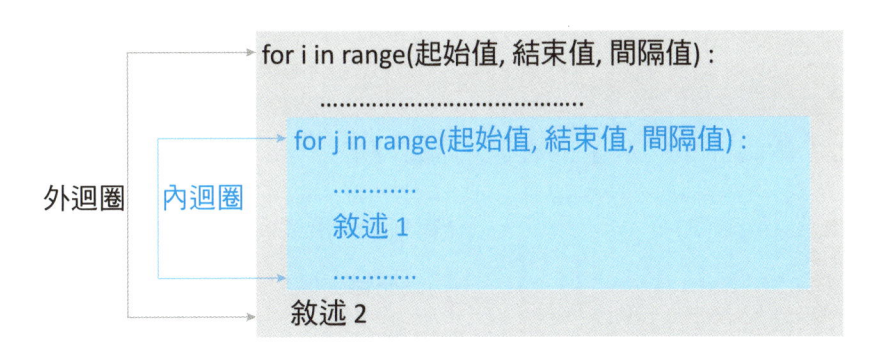

圖 4-3　for 雙重迴圈的語法與結構

　　雙重迴圈內的敘述要留意縮排，因為縮排會決定它是外迴圈或內迴圈的敘述，上圖中，敘述 2 縮排在外迴圈 for i 的區塊內，與內迴圈 for j 敘述開頭對齊，所以是外迴圈內的敘述。敘述 1 則是縮排在內迴圈 for j 的區塊內，所以是內迴圈內的敘述。

4.2.2　設計雙重迴圈

　　設計雙重迴圈的程式時，可先設計內迴圈，再設計外迴圈，以下以輸出下圖的 * 號矩形為例，說明雙重迴圈的設計方法。

```
***
***  ⎫
***  ⎬ 4 列
***  ⎭
```

先設計輸出 1 列 *** 的程式,再設計重複輸出 4 列 *** 的程式。

1. 輸出 1 列 *

- 1 列有 3 個 *,所以迴圈範圍為 range(3)。

- 輸出 * 號可用 print('*')。print() 預設會在輸出的結果後加上一個隱藏的**換行字串** '\n',下一個 print() 從下一行開始輸出。

  若要 print() 不換行輸出,可在 () 內加入 end = ''。end 是結束,表示以空字串 '' 結束,不是以換行結束,也就是 print('*', end = '')。兩者輸出的差異如下:

```
print('*')            *
print('*')            *
```

```
print('*',end='')     **
print('*')
```

- 因此「輸出 1 列 ***」的程式可設計為:

```
for j in range(3):          #有3個*,所以迴圈範圍為range(3)
    print('*', end = '')    #將輸出以''結束,不是以換行結束
```

2. 重複輸出 4 列 *

- 已設計出輸出 1 列 *** 的程式,要輸出 4 列,只要再用另 1 個 for 迴圈,讓輸出 1 列 *** 的程式重複執行 4 次即可,因此另一個迴圈的範圍為 range(4)。

- 每輸出完 1 列 *** 後,應換行輸出,讓下 1 列 ***,從下 1 行的開頭開始輸出,所以在外迴圈內,內迴圈結束後,應有 1 行輸出換行的 print() 敘述。

- 最後程式設計如下:

```
for i in range(4):                  #外迴圈,共執行4次
    for j in range(3):              #內迴圈,可輸出1列3個*
        print('*', end = '')
    print()                         #換行輸出
```

上例的雙重迴圈中，i, j 的執行順序如下（圖 4-4）：

1. 外迴圈以 i 為計數器，從 0~3，執行 4 次。

2. 外迴圈每執行 1 次，內迴圈 j 會從 0~2 執行 3 次。

    (1) i = 0 時，j 從 0~2 執行 3 次。

    (2) i = 1 時，j 從 0~2 執行 3 次。

    (3) i = 2 時，j 從 0~2 執行 3 次。

    (4) i = 3 時，j 從 0~2 執行 3 次後，結束迴圈。

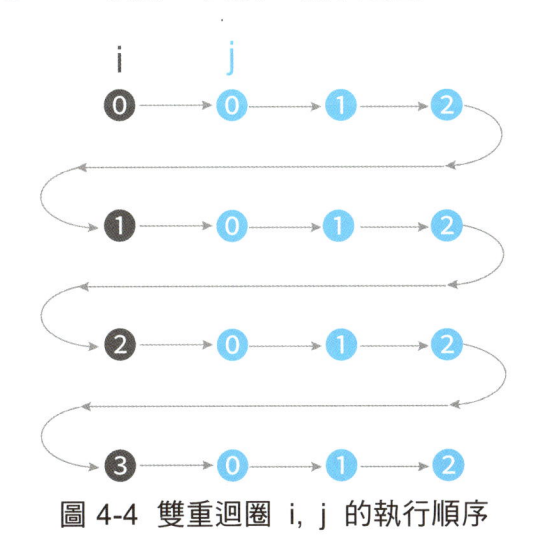

圖 4-4 雙重迴圈 i, j 的執行順序

範例 4.2-1　九九乘法表

使用 for 迴圈，印出九九乘法表，請使用定位符號 \t 對齊各項。

解題方法

1. 九九乘法表可使用雙重迴圈來設計，可先設計內迴圈，再設計外迴圈。

2. 設計內迴圈。分析下方的第 1 列，可發現每項的第 1 個數依序為 2, 3,… 9，所以可使用 for 迴圈，變數 j 在 range(2, 10) 執行迴圈。

    2 × 1 = 2　　3 × 1 = 3　　4 × 1 = 4　　………　　8 × 1 = 8　　9 × 1 = 9

3. 設計外迴圈。九九乘法表共 9 列，觀察第 1 行，可發現每項的第 2 個數依序為 1, 2, … 9，所以使用另一個 for 迴圈，變數 i 在 range(1, 10) 執行迴圈。

$$2 \times 1 = 2$$
$$2 \times 2 = 4$$
$$2 \times 3 = 6$$

4. 使用 f 字串輸出每一項，以 3 × 5 = 15 為例，3、5、15 都是變數，所以將它們所代表的變數名稱，放在 {} 裡，print() 敘述可設計如下：

3 × 5 = 15

print(f'{j} × {i} = {i * j}', end = '\t')
　　　　　　　　　　　　　　　定位符號

5. print() 裡的參數 end = '\t'，是要用定位符號 \t 來取代預設的換行，這樣輸出的每一項後面會加上一個定位符號，就會輸出在固定的位置，可用來對齊輸出的各項。

6. 每輸出完 1 列後，應換行輸出，讓下 1 列從下 1 行的開頭開始輸出，所以在外迴圈內，內迴圈結束後，應有 1 行輸出換行的 print() 敘述。

7. 解題流程圖如下：

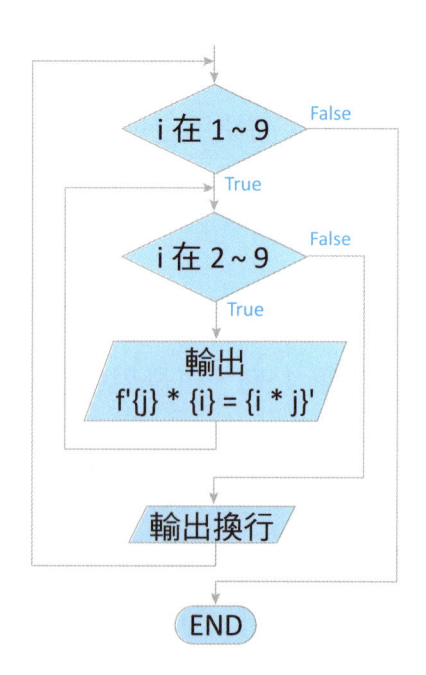

程式設計

```
1  for i in range(1, 10):                    #外迴圈i=1~9
2      for j in range(2, 10):                #內迴圈j=2~9
3          print(f'{j}*{i}={i*j}', end='\t') #輸出一項
4      print()                               #輸出1列後,換行輸出
```

執行結果

2*1=2	3*1=3	4*1=4	5*1=5	6*1=6	7*1=7	8*1=8	9*1=9
2*2=4	3*2=6	4*2=8	5*2=10	6*2=12	7*2=14	8*2=16	9*2=18
2*3=6	3*3=9	4*3=12	5*3=15	6*3=18	7*3=21	8*3=24	9*3=27
2*4=8	3*4=12	4*4=16	5*4=20	6*4=24	7*4=28	8*4=32	9*4=36
2*5=10	3*5=15	4*5=20	5*5=25	6*5=30	7*5=35	8*5=40	9*5=45
2*6=12	3*6=18	4*6=24	5*6=30	6*6=36	7*6=42	8*6=48	9*6=54
2*7=14	3*7=21	4*7=28	5*7=35	6*7=42	7*7=49	8*7=56	9*7=63
2*8=16	3*8=24	4*8=32	5*8=40	6*8=48	7*8=56	8*8=64	9*8=72
2*9=18	3*9=27	4*9=36	5*9=45	6*9=54	7*9=63	8*9=72	9*9=81

說明

程式中,外迴圈的控制變數 i 從 1 執行到 9,外迴圈 i 每執行一次,內迴圈的控制變數 j 會從 2 到 9 執行 8 次。for 雙重迴圈是執行一個 i,就執行 j = 2 ~ 9,再換下一個 i,再執行 j = 2 ~ 9。執行順序如下:

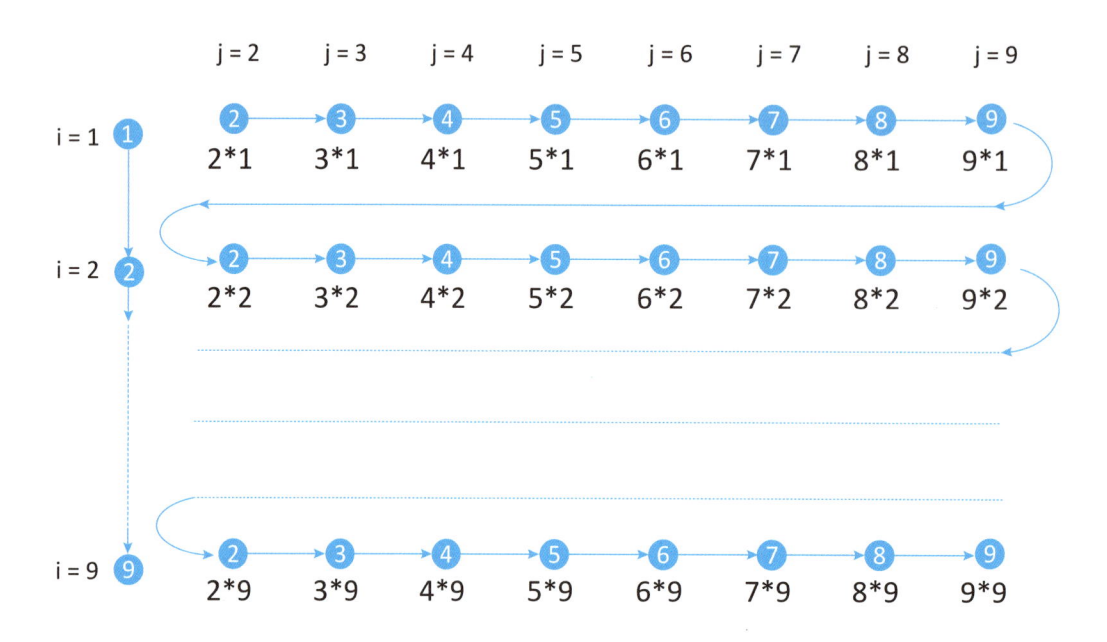

Hello! Python 程式設計

```
         j = 2    j = 3    j = 4    j = 5    j = 6    j = 7    j = 8    j = 9
i = 1  ①  ②   →   ③   →   ④   →   ⑤   →   ⑥   →   ⑦   →   ⑧   →   ⑨
         2*1     3*1     4*1     5*1     6*1     7*1     8*1     9*1

i = 2  ②  ②   →   ③   →   ④   →   ⑤   →   ⑥   →   ⑦   →   ⑧   →   ⑨
         2*2     3*2     4*2     5*2     6*2     7*2     8*2     9*2




i = 9  ⑨  ②   →   ③   →   ④   →   ⑤   →   ⑥   →   ⑦   →   ⑧   →   ⑨
         2*9     3*9     4*9     5*9     6*9     7*9     8*9     9*9
```

範例 4.2-2　星號三角形

寫一程式，輸入整數 n 後，使用雙重 for 迴圈，依序輸出下列幾種 n 列星號三角形。例如：n = 5 時，輸出的星號三角形如下：

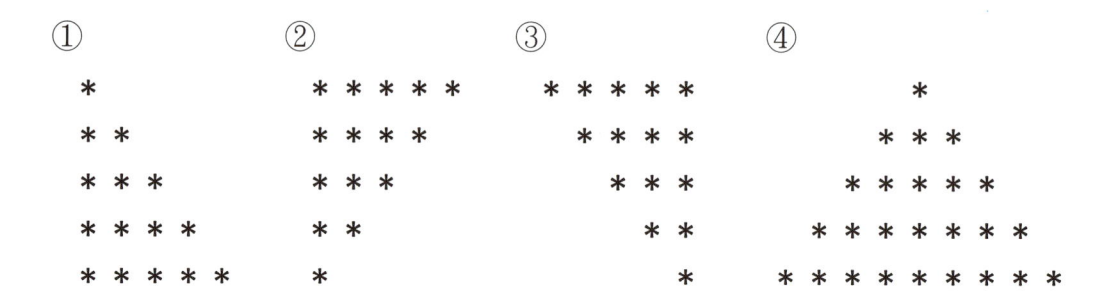

```
①              ②              ③              ④
*              * * * * *      * * * * *              *
* *            * * * *        * * * *              * * *
* * *          * * *          * * *              * * * * *
* * * *        * *            * *              * * * * * * *
* * * * *      *                  *          * * * * * * * * *
```

解題方法

先以 n = 5 為例，說明設計的方法。每個三角形有 5 列，所以外迴圈 i 的範圍為 range(5)。

1. 第 ① 個星號三角形

```
      j=0 1 2 3 4
i=0    *
  1    * *
  2    * * *
  3    * * * *
  4    * * * * *
```
j <= i 時，輸出 *

(1) i = 0，輸出 1 個 *，j = 0。

　　i = 1，輸出 2 個 *，j = 0, 1。

　　i = 2，輸出 3 個 *，j = 0, 1, 2。依此類推。

(2) 外迴圈 i 時，內迴圈執行 i + 1 次，所以內迴圈 j 的範圍在 range(i + 1)。

2. 第 ② 個星號三角形

```
      j=0 1 2 3 4
i=0    * * * * *
  1    * * * *
  2    * * *
  3    * *
  4    *
```
j <= 5 - i 時，輸出 *

(1) i = 0，輸出 5 個 *，j = 0, 1, 2, 3, 4。

　　i = 1，輸出 4 個 *，j = 0, 1, 2, 3。

　　i = 2，輸出 3 個 *，j = 0, 1, 2。依此類推。

(2) 外迴圈 i 時，內迴圈執行 5 - i 次，所以內迴圈 j 的範圍在 range(5 - i)。

3. 第 ③ 個星號三角形

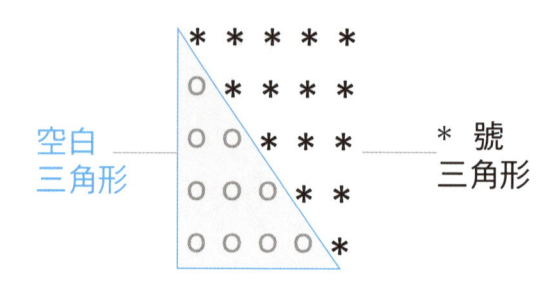

```
    * * * * *
    o * * * *
    o o * * *
    o o o * *
    o o o o *
```
空白三角形　　　　　＊號三角形

(1) 每一列都先輸出空格，再輸出 *，所以有 2 個內迴圈，第 1 個輸出空格，第 2 個輸出 *。

(2) i = 0，輸出 0 個空格 5 個 *。i = 1，輸出 1 個空格 4 個 *。依此類推。

(3) 第 1 個內迴圈輸出空格，外迴圈 i 時，內迴圈執行 i 次，所以 j 在 range(i + 1)。

第 2 個內迴圈輸出 *，外迴圈 i 時，內迴圈執行 5 - i 次，所以內迴圈 j 在 range(5 - i)。

4. 第 ④ 個星號三角形

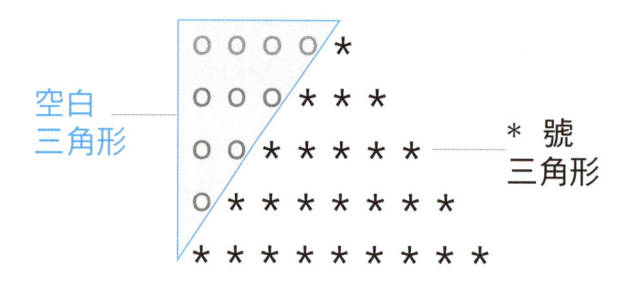

```
    o o o o *
    o o o * * *
    o o * * * * *
    o * * * * * * *
    * * * * * * * * *
```
空白三角形　　　　　＊號三角形

(1) 每列都先輸出空格，再輸出 *。

(2) i = 0，輸出 4 個空格 1 個 *。

　　i = 1，輸出 3 個空格 3 個 *。

　　i = 2，輸出 2 個空格 5 個 *。

(3) 第 1 個內迴圈輸出空格,外迴圈 i 時,內迴圈執行 4 - i 次,所以 j 在 range(4 - i)。

第 2 個內迴圈輸出 *,外迴圈 i 時,內迴圈執行 2 * i + 1 次,所以 j 在 range(2 * i + 1)。

5. 將 5 使用 n 取代。

程式設計

```
1  n = int(input())
2  for i in range(n):              #第①個三角形
3      for j in range(i + 1):      #執行次數i=0,1次,i=1,2次,i=2,3次…
4          print('*', end='')
5      print()                     #輸出1列後,換行輸出
6  print()
7  for i in range(n):              #第②個三角形
8      for j in range(n - i):      #執行次數i=0,n次,i=1,n-1次,i=2,n-2次…
9          print('*', end='')
10     print()                     #輸出1列後,換行輸出
11 print()
12 for i in range(n):              #第③個三角形
13     for j in range(i):          #印出空白i=0,0個,i=1,1個,i=2,2個…
14         print('', end='')
15     for j in range(n - i):      #印出* i=0,n個,i=1,n-1個,i=2,n-2個…
16         print('*', end='')
17     print()                     #輸出1列後,換行輸出
18 print()
19 for i in range(n):              #第④個三角形
20     for j in range(n-1-i):      #印出空白i=0,n-1個,i=1,n-2個…
21         print(' ', end='')
```

```
22      for j in range(2 * i + 1):   #印出*,i=0,1個,i=1,3個,i=2,5個…
23          print('*', end='')
24      print()                      #輸出1列後,換行輸出
```

執行結果

```
5
*            *****        *****              *
**           ****          ****            ***
***          ***            ***           *****
****         **              **          *******
*****        *                *         *********
```

說明

1. 將迴圈控制變數 i, j 使用表格的方式呈現,對角線上每一位置的條件是 i = j,左半部是 i > j,右半部則是 i < j。

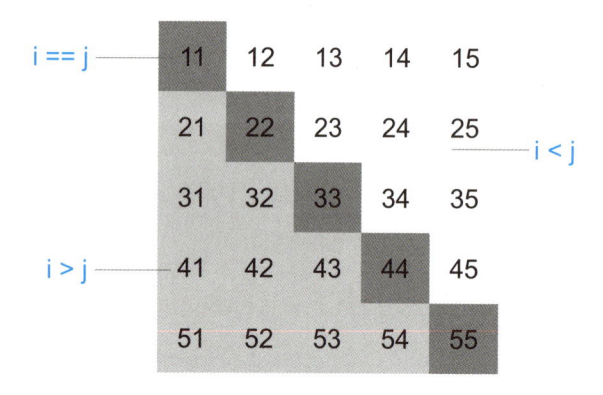

	11	12	13	14	15
i == j					
	21	22	23	24	25
	31	32	33	34	35	i < j
	41	42	43	44	45
i > j					
	51	52	53	54	55

2. 另一個解題方法,是從輸出 * 的位置中,找出 i, j 的條件式。然後在迴圈內使用 if else 敘述,條件式成立就輸出 *,否則輸出空白。例如:

   第 3 個圖,輸出 * 的條件式是 j >= i,所以內迴圈可設計如下:

```
if j >= i:
    輸出 *
else:
    輸出空白
換行
```

```
        j=0 1 2 3 4              n = int(input())
   i=0   * * * * *                for i in range(n):
    1      * * * *                    for j in range(n):
    2        * * *                        if j >= i:
    3          * *                            print('*', end='')
    4            *                        else:
                                             print(' ', end='')
   j >= i 時,輸出 *                   print()
```

範例 4.2-3 畢氏三元數

畢氏三元數是指三個符合畢氏定理（$a^2 + b^2 = c^2$）的整數，例如：3, 4, 5 和 5, 12, 13。畢氏三元數能形成一個直角三角形。寫一程式，能由小到大輸出 <= n 所有畢氏三元數及組數。

輸入：整數 n

輸出：若干行，每行 1 組畢氏三元數，最後一行輸出組數。

範例一：輸入	範例一：正確輸出
10	3 4 5
	6 8 10
	2

解題方法

1. 若 a, b, c 三數的範圍都在 1 ~ n，要找出所有畢氏三元數，需一一檢查 a, b, c 三數的各種組合，是否符合畢氏三元數。包含：

    (1, 1, 1), (1, 1, 2) .... (1, 1, n),

    (1, 2, 1), (1, 2, 2) .... (1, 2, n),

    ....

4-29

(n, n, 1), (n, n, 2) .... (n, n, n)

所以可使用三重 for 迴圈解題。

若迴圈由外而內的變數為 i, j, k，三者範圍都要在 range(1, n + 1)。

2. 畢氏三元數的條件式為 i * i + j * j == k * k。

要由小到大輸出，需加上條件式 i < j < k。

兩者都要成立，所以使用運算子 and 結合兩條件式。

i < j < k and i * i + j * j == k * k

3. 用變數 c 存放組數，初始值設為 0。

若有 i, j, k 符合步驟 2 之條件式，c 值 + 1，迴圈結束後，再輸出 c 值。

4. 解題演算法可設計如下：

輸入整數 n

for 迴圈，i 從 1 ~ n

    for 迴圈 j 從 1 ~ n

        for 迴圈 k 從 1 ~ n

            如果 i < j < k 且 i * i + j * j == k * k

                輸出 i, j, k 三數

                組數 c + 1

輸出組數 c

5. 解題流程圖如下：

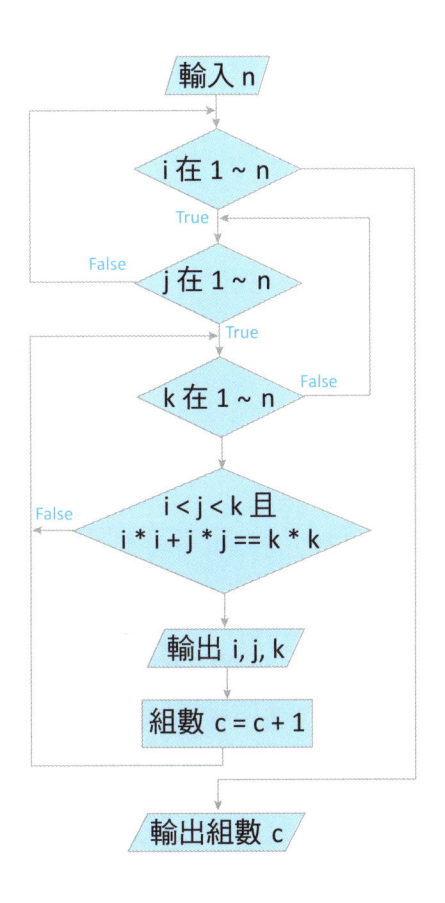

程式設計

```
1 n = int(input())                    #讀取輸入，轉成整數n
2 c = 0                               #用c存放組數，初始值為0
3 for i in range(1,n + 1):            #執行迴圈，i從1~n
4     for j in range(1,n + 1):        #執行迴圈，j從1~n
5         for k in range(1,n + 1):    #執行迴圈，k從1~n
6             if i < j < k and i * i + j * j == k * k:
7                 print(i,j,k)
8                 c = c + 1                             #組數c + 1
9 print(c)
```

執行結果

```
20

3 4 5
5 12 13
6 8 10
8 15 17
9 12 15
12 16 20
6
```

說明

可以設定內迴圈的開始值,讓第 2 層的 j 值從 i + 1 開始,第 3 層的 k 值從 j + 1 開始,這樣子就可以讓 i < j < k,迴圈內的 if 條件式便不需設定 i < j < k 這個條件。程式片段可改寫如下:

```
for i in range(1,n + 1):
    for j in range(i + 1,n + 1):
        for k in range(j + 1,n + 1):
            if i * i + j * j == k * k:
```

4.3 while 迴圈

已知迴圈數的問題可使用 for 解題，無法預知迴圈數的問題則可使用 while 解題。while 在執行迴圈前，會先檢查條件式是否成立，所以又稱為條件式迴圈。

while 迴圈的語法與流程圖如下（圖 4-5）。若條件式為 False，則不執行迴圈，直接跳到迴圈外的下一個敘述；若條件式為 True，則執行迴圈內的敘述，執行完後，再檢查條件式是否成立，如此不斷重複，直到條件式不成立。

while 迴圈先判斷條件式，可能條件式一開始就不成立，所以迴圈執行次數可以是 0 次。

```
while 條件式：
    敘述
    ……
```

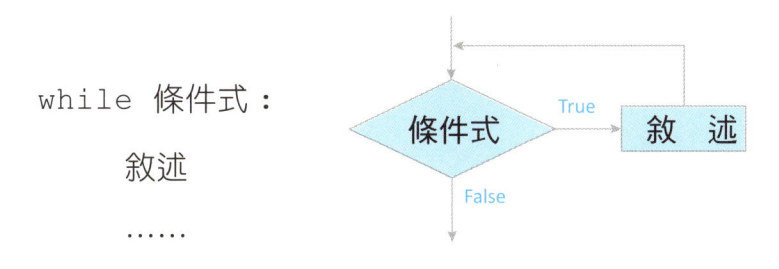

圖 4-5 while 迴圈的語法與流程圖

例如：使用 while 迴圈輸出 0 1 2 三行數字的程式可設計如下，此程式執行過程如下：

① i = 0 時，i < 3 (0 < 3) 成立，執行迴圈，輸出 0，i 加 1，i = 1。
② i = 1 時，i < 3 (1 < 3) 成立，執行迴圈，輸出 1，i 加 1，i = 2。
③ i = 2 時，i < 3 (2 < 3) 成立，執行迴圈，輸出 2，i 加 1，i = 3。
④ i = 3 時，i < 3 (3 < 3) 不成立，結束迴圈。

實際上，此例也可使用 for 迴圈設計，程式碼如右下：

```
i = 0
while i < 3:
    print(i)
    i = i + 1
```

```
for i in range(3):
    print(i)
```

while 迴圈與 for 迴圈是可以通用的，while 迴圈的設計方法如左下，注意，迴圈內的 i 值一定要增加，讓它最後會 >= 結束值，停止迴圈，否則會造成無窮迴圈，程式無法結束執行。while 迴圈對應的 for 迴圈如右下：

```
i = 開始值
while i < 結束值:
    敘述
    i 增加一個間隔值
```

```
for i in range(開始值,結束值,間隔值):
    敘述
```

例如：「範例 4.1-1 數列和 1 加到 n」可使用 while 設計如左下：

```
total = 0
i = 1
while i < n + 1:
    total = total + i
    i = i + 1
```

```
total = 0
for i in range(n + 1):
    total = total + i
```

此外，while 也可用來設計無窮迴圈。

```
while True:
```

```
while 1:
```

範例 4.3-1　數字倒轉（a038）

寫一程式，輸入一整數，將此整數以相反的順序輸出。例如：輸入 5681，輸出 1865。

解題方法

1. 要找出整數的各個位數，可規律地使用 %、//、= 三運算子。

2. 以 n = 681 為例，解題過程如下：

    ① 個位數 = 681 % 10 = 1　　　② 去除個位數，681 // 10 = 68

    ③ 十位數 = 68 % 10 = 8　　　　④ 去除個位數，68 // 10 = 6

    ⑤ 百位數 = 6 % 10 = 6　　　　　⑥ 去除個位數，6 // 10 = 0

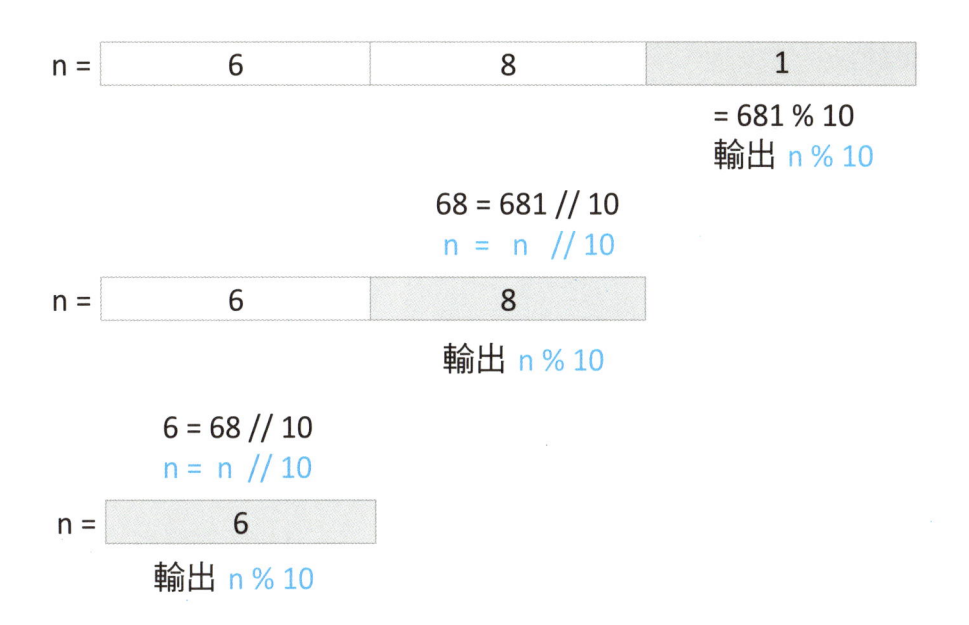

```
n =  |   6   |   8   |   1   |
                          = 681 % 10
                          輸出 n % 10

         68 = 681 // 10
         n =  n  // 10
n =  |   6   |   8   |
              輸出 n % 10

   6 = 68 // 10
   n = n // 10
n =  |   6   |
    輸出 n % 10
```

3. 解題演算法可設計如下：

   輸入整數 n

   當 n > 0

   　　輸出 n 的個位數（n % 10）

   　　將 n 的個位數去除（n // 10），再將它指定給 n（n = n // 10）

4. 注意，不能使用 n = n / 10，因為 / 會得到浮點數，要經過非常多次 / 法，才會逼近於 0，可能會使程式一直執行，無法結束。

5. 解題流程圖如下：

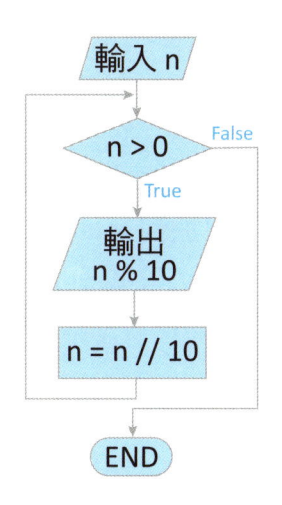

```
       輸入 n
         ↓
    ┌─────────┐  False
    │  n > 0  │─────┐
    └─────────┘     │
       True         │
         ↓          │
      輸出          │
      n % 10        │
         ↓          │
    n = n // 10     │
         │          │
         └──────────┤
                    ↓
                   END
```

4-35

程式設計

```
1 n = int(input())          #讀取輸入，轉成整數 n
2 while n > 0:              #當n>0，執行迴圈
3     print(n % 10, end ='')   #輸出n的個位數
4     n = n // 10           #將n設為原來的n除以10的商
```

執行結果

```
100                          12345

001                          54321
```

範例 4.3-2　位數和

寫一程式，輸入一個整數，輸出此數的所有位數和。例如：2023 的位數和是 2 + 0 + 2 + 3 = 7。

解題方法

1. 本題的解題方法和「範例 4.3-1 數字倒轉」類似，只要將輸出餘數改成累加餘數即可。

2. 解題演算法可設計如下：

   輸入整數 n

   位數和 total 初始值設為 0

   當 n > 0

   　　將 n 的個位數（n % 10）累加到 total

   　　將 n 的個位數去除（n // 10），再將它指定給 n（n = n // 10）

   輸出 total

3. 解題流程圖如下：

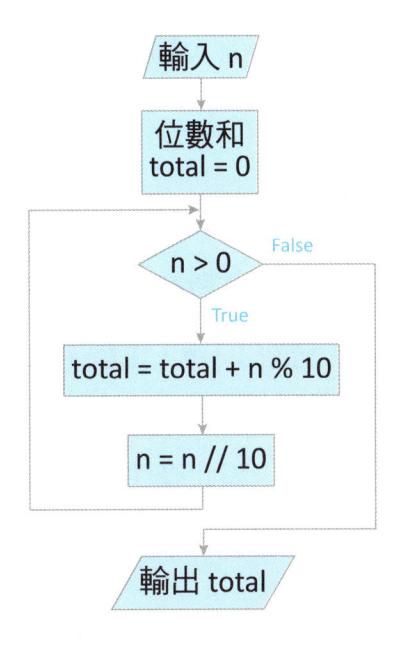

```
輸入 n
   ↓
位數和
total = 0
   ↓
n > 0 ──False──→ 輸出 total
   │True
   ↓
total = total + n % 10
   ↓
n = n // 10
   (迴圈回到 n > 0)
```

程式設計

```python
1  n = int(input())              #讀取輸入，轉成整數n
2  total = 0                     #用total存放累加的值，初始值為0
3  while n > 0:                  #當n>0，執行迴圈
4      total = total + n % 10    #將n的個位數累加到total
5      n = n // 10               #去除n的個位數，再將它指定給n
6  print(total)
```

執行結果

12345	100
15	1

4-37

範例 4.3-3　找出所有因數

寫一程式，輸入一個整數，由小到大輸出此數的所有因數。例如：輸入 119，輸出 1 7 17 119。

解題方法

1. 要找出 n 的因數，可檢查 1～n 的所有整數，能整除 n 的就是 n 的因數。

2. 可使用 for 迴圈檢查，i 在範圍 1～n，也就是 range(1, n + 1)。所以 for 迴圈可設計為 for i in range(1, n + 1):

3. 只有能整除 n 的 i，才是因數，因此條件式可設為 n % i == 0。

4. 解題演算法可設計如下：

    輸入整數 n

    執行迴圈 i 從 1～n

    　　如果 n 能被 i 整除

    　　　　輸出 i

5. 解題流程圖如下：

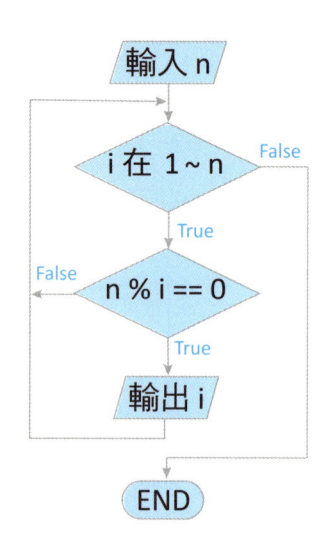

程式設計

```
1  n = int(input())              #讀取輸入，轉成整數n
2  for i in range(1, n + 1):     #執行迴圈，i從1~n
3      if n % i == 0:            #若i能整除n
4          print(i, end='')
```

執行結果

31	100
1 31	1 2 4 5 10 20 25 50 100

範例 4.3-4　最大公因數（a024）

寫一程式，使用輾轉相除法，計算兩數之最大公因數。

輸入：2 個用空白隔開的整數。

輸出：2 數的最大公因數。

範例一：輸入	範例二：輸入
24 16	66 121
範例一：正確輸出	範例二：正確輸出
8	11

解題方法

1. 輾轉相除法是運用歐幾里德演算法（Euclid's algorithm），找出兩數之最大公因數。此演算法的幾何原理如下：

   以兩數做為矩形的兩邊長，反覆以短邊為邊長，切出正方形，直到最後一個正方形為止，此最小正方形的邊長就是兩數的最大公因數。

2. 例如：找出 75 與 30 之最大公因數的步驟如下：

(1) 繪出一個 75 × 30 的矩形。

(2) 以短邊 30 為邊長，切出兩個 30 × 30 的正方形，矩形變成 15 × 30。

(3) 再以短邊 15 為邊長，切出兩個 15 × 15 的正方形。

(4) 15 × 15 是最小的正方形，所以 15 就是 75 與 30 的最大公因數。

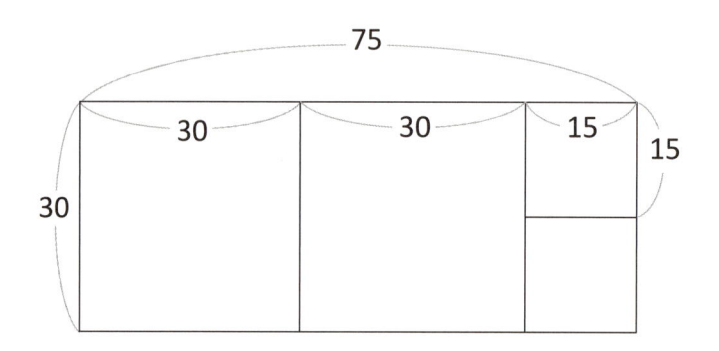

3. 觀察另一個例子，找出 x = 58 和 y = 40 最大公因數的步驟：

x		y		x % y
58	%	40	=	18
40	%	18	=	4
18	%	4	=	2
4	%	2	=	0
2	……	最大公因數		

x, y 換成 y, x % y

(1) 前數 x 要大於後數 y（x＞y），如果 x＜y，x, y 兩數就要交換。

(2) 若 x % y == 0，則 y 是最大公因數。例如：12 % 6 == 0，6 是兩數的最大公因數。

(3) 若 x % y != 0，則將 x, y 換成 y, x % y。可以寫成

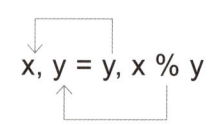

x, y = y, x % y

(4) 也可使用一個臨時變數 t 將 x％y 存起來，再進行變數變換，也就是

   t = x％y

   x = y

   y = t

4. 解題演算法可設計如下：

   輸入兩數 x, y

   如果前數 x ＜ 後數 y

     交換兩數

   當 x％y != 0 時

     將 x, y 換成 y, x％y

   輸出最大公因數 y

5. 解題流程圖如下：

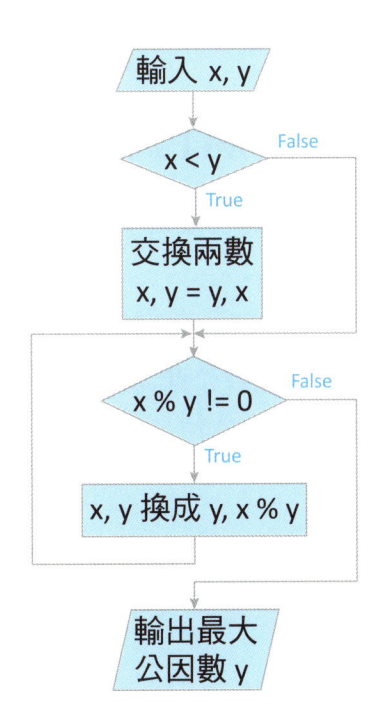

```
         輸入 x, y
            ↓
          x < y  ──False──┐
            │True          │
         交換兩數           │
         x, y = y, x        │
            ↓←─────────────┘
       ┌──→ x％y != 0 ──False──┐
       │      │True              │
       │  x, y 換成 y, x％y       │
       └──────┘                  │
                 ↓←──────────────┘
            輸出最大
            公因數 y
```

4-41

程式設計

```
1 x, y = map(int,input().split())    #讀取輸入,轉成整數,指定給x,y
2 if x < y:                           #若前數<後數
3     x, y = y, x                     #兩數交換
4 while x % y != 0:                   #執行迴圈,直到x%y==0,y是最大公因數
5     x, y = y, x % y                 #輾轉相除
6 print(y)
```

執行結果

```
9 16

1
```

```
319 377

29
```

4.4 改變迴圈的執行

4.4.1 break 跳離迴圈

　　break 和 continue 這兩個指令可改變迴圈的執行。break 是「打斷」的意思，表示「打斷迴圈」的執行，也就是跳離迴圈。如以下程式碼，break 會讓程式跳至迴圈外的下一個敘述繼續執行，不再執行迴圈內 break 以下的敘述（圖 4-6）。

```
for i in ... :              while 條件式 :
    ......                      ......
    break                       break
    ..........                  ..........
    迴圈外的下一個敘述            迴圈外的下一個敘述
```

圖 4-6 迴圈內的 break 指令

break 指令只能使用在迴圈內,出現在迴圈外,會發生語法錯誤。此外,在多重迴圈中,break 僅能跳離本層迴圈,並不會跳離整個迴圈。

4.4.2 continue 跳回迴圈開頭

continue 是「繼續」,也就是跳過迴圈內 continue 之後的敘述,讓程式跳回迴圈的開頭,再「繼續執行下一次迴圈」(圖 4-7)。continue 是終止本次迴圈,直接進入下一次迴圈。

continue 指令只能使用在迴圈內,出現在迴圈外,會發生語法錯誤。continue 和 break 的區別是,continue 只結束本次迴圈,不會終止整個迴圈的執行,break 則會結束整個迴圈。

```
for i in ... :
    ......
    continue
    ......
```

```
while 條件式:
    ......
    continue
    ......
```

圖 4-7 迴圈內的 continue 指令

範例 4.4-1　猜數字遊戲

寫一程式,設定某一個整數是答案,輸入猜想的數字,若輸入值大於答案,提示輸入值「太大」,若小於答案,提示輸入值「太小」,直到輸入值等於答案時,才顯示「猜對了」與猜的次數。

輸入:若干列整數,每列代表每次猜的答案

輸出:若干列,每列輸出「太大」或「太小」,最後一列輸出「猜對了」

範例一:輸入	範例一:正確輸出
25	太大
10	太小
15	猜對了

4-43

解題方法

1. 因無法預測會猜多少次，所以使用無窮迴圈（while True:），直到猜對時，才使用 break 跳離迴圈。

2. 解題演算法可設計如下：

   設定代表答案的整數 ans

   猜的次數 c 初始值設為 0

   while True:

   　　輸入猜的數字 n

   　　猜的次數 c + 1

   　　如果數字 n > 答案 ans

   　　　　輸出太大

   　　否則如果數字 n < 答案 ans

   　　　　輸出太小

   　　否則

   　　　　輸出猜對了

   　　　　break 跳離迴圈

   輸出猜的次數 c

3. 解題流程圖如右：

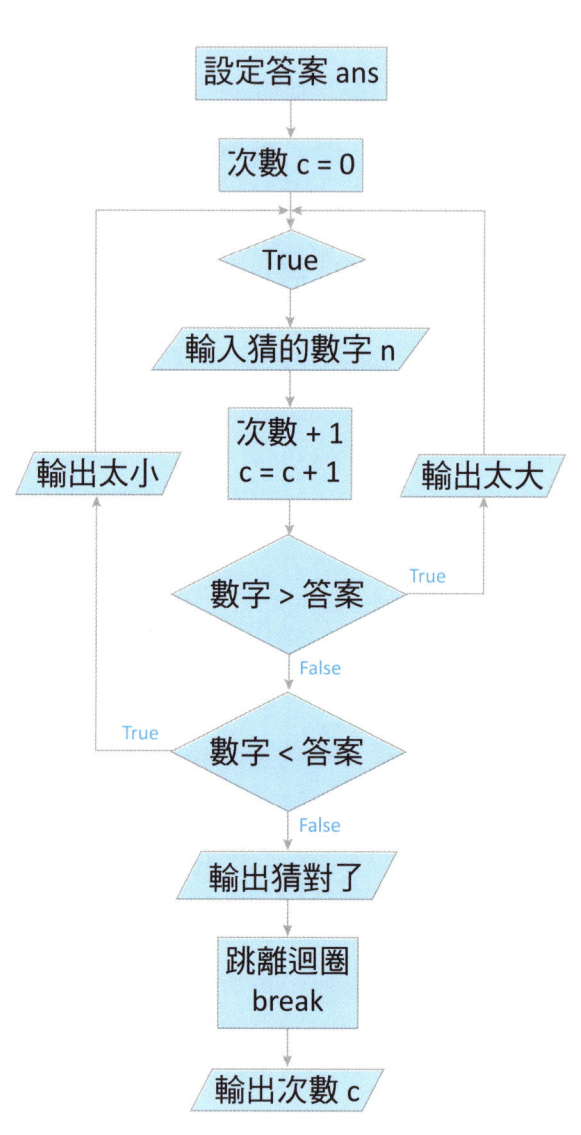

程式設計

```
1  ans = 15                    #ans是答案
2  c = 0                       #c是猜的次數
3  while True:                 #無窮迴圈,一直猜數字,直到break跳離迴圈
4      n = int(input())        #n是猜的數字
5      c = c + 1               #猜的次數c+1
6      if n > ans:             #如果猜的數字n>答案ans
7          print('太大')
8      elif n < ans:           #否則如果猜的數字n<答案ans
9          print('太小')
10     else:                   #否則(猜的數字n<答案ans)
11         print('猜對了')
12         break               #跳離迴圈
13 print(c)                    #輸出猜的次數c
```

執行結果

```
20
太大
10
太小
15
猜對了
3
```

範例 4.4-2　質數判斷（a007）

一個大於 1 的正整數,除了 1 和本身外,沒有其他的因數,此數就是質數。在資訊科學,質數常被作為解決問題的基礎,例如:網路安全的公開金鑰密碼系統,常使用大質數作為金鑰。

4-45

其原理是把兩個很大的質數相乘，例如：將 2 個 30 位數的大質數相乘，得到的 N 值位數可能有 60 多位數，N 值可以對外公開，因為即使別人知道 N 值，也很難分解出是那兩個質數的乘積。

所以系統的安全強度和所用的質數大小有關，質數越大，安全性越高。在資訊科學上，檢查某一個數是否是質數很重要，特別是檢查很大的數時，更要思考優化演算法的方法。

寫一程式，輸入一整數，判斷此數是否是質數。若是質數，輸出 Yes，否則輸出 No。

解題方法

1. 檢查整數 n 是否是質數，可使用以下其中一種方法：

    (1) 檢查 2 ~ n - 1 是否可整除 n

    最直覺的方法是將 n 除以 2 ~ n - 1 的每一個整數，若可被其中一個數整除，n 便不是質數，只有全部都不能整除，n 才是質數。此方法最多需檢查次 n 次。

    (2) 檢查 2 ~ $\sqrt{n}$ 是否可整除 n

    整數的因數會成對出現，例如：12 的因數有 (1, 12), (2, 6), (3, 4)。檢查一個因數，就等同檢查另一個因數，如上例，檢查 2 等同檢查 6，檢查 3 等同檢查 4。

    成對的因數中，一個 ≤ $\sqrt{n}$，另一個 ≥ $\sqrt{n}$，所以只要檢查 2 ~ $\sqrt{n}$ 的所有整數，是否可以整除 n 即可。如果 2 個因數相同，也就是 $\sqrt{n}$ 是整數時，也要檢查。

    此方法檢查次數和 $\sqrt{n}$ 成正比，效能會比前者好。

2. 本題的解題方法可使用 for 迴圈，檢查 n 是否能被 2 ~ $\sqrt{n}$ 的整數整除，若可被其中一數整除，表示 n 不是質數，輸出 No，並跳離迴圈，不再繼續檢查下去。

3. 可使用一個變數 prime，做為 n 是否是質數的旗幟，prime = 1（True），表示 n 是質數，prime = 0（False），n 不是質數。可以先預設 n 是質數，prime = 1，一旦 n 可被整除時，再將 prime 設為 0。

   解題的演算法可設計如下：

   輸入 n

   先預設 n 是質數，prime = 1

   執行迴圈，i 在範圍 2～$\sqrt{n}$ 的整數

   　　若 n 可被 i 整除

   　　　　n 不是質數，prime = 0

   　　　　break 跳離迴圈

   　如果 prime == 1，輸出 Yes，否則輸出 No

4. $\sqrt{n}$ 的運算式為 n ** 0.5，因為要取整數，且 $\sqrt{n}$ 若是整數，也要檢查，所以範圍的結束值可使用 int(n ** 0.5) + 1

5. 解題流程圖如下：

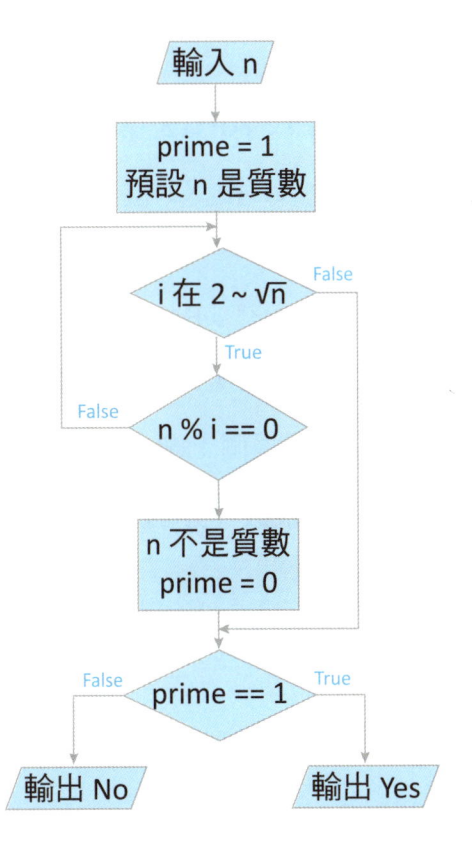

```
輸入 n
   ↓
prime = 1
預設 n 是質數
   ↓
i 在 2～√n  ──False──→
   ↓True
n % i == 0  ──False──→
   ↓True
n 不是質數
prime = 0
   ↓
prime == 1
  False↓   ↓True
輸出 No   輸出 Yes
```

4-47

程式設計

```
1  n = int(input())                          #讀取輸入,轉成整數,指定給n
2  prime = 1                                 #使用prime標示n是質數
3  for i in range(2, int(n ** 0.5) + 1):    #執行迴圈,i在範圍2~√n
4      if n % i == 0:
5          prime = 0
6          break
7  print('Yes') if prime == 1 else print('No')
```

執行結果

```
89

Yes
```

```
29996224275833

Yes
```

4.5 APCS 實作題

範例 4.5-1　人力分配（201710 APCS 第 1 題）

若某公司有兩個工廠,分別配置 X1 和 X2 位員工時,獲利為 Y1 和 Y2。獲利與員工數 X1 和 X2 的關係式如下:

$$Y1 = a1\ X1^2 + b1\ X1 + c1$$

$$Y2 = a2\ X2^2 + b2\ X2 + c2$$

設計一個程式,將 n 個員工分配到兩個工廠,以取得最大獲利。

輸入:第 1 行和第 2 行各有三個整數,分別為 ai, bi, ci (i = 1, 2) 之值,第 3 行有一個正整數,表示員工人數。

輸出:一個整數,代表最大獲利。

範例一：輸入

2 -1 3

4 -5 2

2

範例一：正確輸出

11

範例二：輸入

-1 -2 -3

3 2 1

5

範例二：正確輸出

83

解題方法

1. 本題可使用 for 迴圈解題，計算出 n 位員工分配到兩間工廠，所有的獲利情形，再找出最大獲利。for 迴圈可設計為 for i in range(n + 1):。

2. 若分配 i 人到工廠一，工廠二便會分配到 n - i 人。讓 i 從 0 到 n，一一試算每種分配方法的總獲利，並找出最大獲利。

3. 工廠一分配 i 人，工廠二 n - i 人，所以 X1 = i, X2 = n - i。

	人數	獲利
工廠一	i	a1 * i * i + b1 * i + c1
工廠二	n - i	a2 * (n - i) * (n - i) + b2 * (n - i) + c2

總獲利 y = Y1 + Y2

= a1 * X1 * X1 + b1 * X1 + c1 + a2 * X2 * X2 + b2 * X2 + c2

= a1 * i * i + b1 * i + c1 + a2 * (n - i) * (n - i) + b2 * (n - i) + c2

4. 解題演算法可設計如下：

輸入 a1, b1, c1, a2, b2, c2 及員工人數 n

最大獲利 M 初始值設成很小，如 -99999

執行迴圈 i 從 0 ~ n

獲利 y = a1 * i * i + b1 * i + c1 + a2 * (n - i) * (n - i) + b2 * (n - i) + c2

if 最大獲利 M < 獲利 y:

4-49

最大獲利 M = 獲利 y

輸出最大獲利 M

5. 最大獲利 M 初始值設成很小的數，目的是讓迴圈執行第一次時，if 條件式就能成立，使 M 能被 y 取代，等同迴圈一開始，就將第一種分配方法的獲利設為最大獲利 M。

6. 解題流程圖如下：

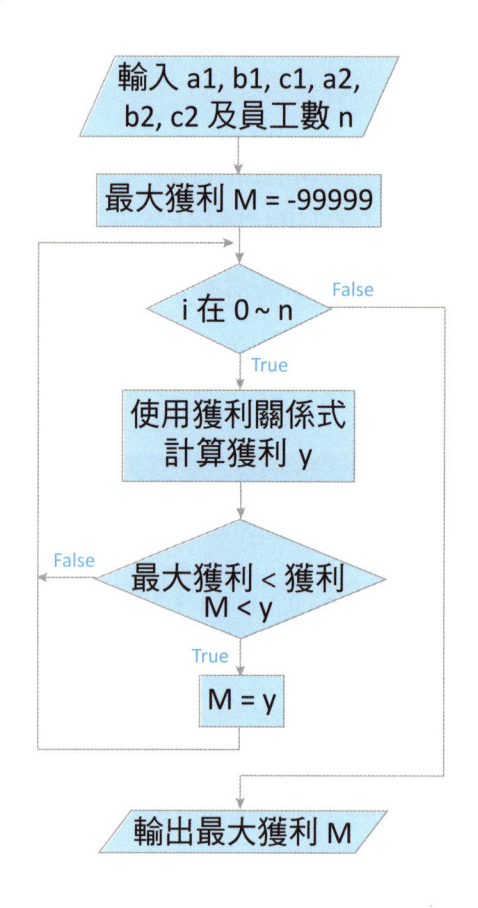

```
輸入 a1, b1, c1, a2, b2, c2 及員工數 n
        ↓
最大獲利 M = -99999
        ↓
    i 在 0~n  ── False ──→
        │ True
        ↓
   使用獲利關係式
   計算獲利 y
        ↓
  最大獲利 < 獲利  ── False ──→
      M < y
        │ True
        ↓
       M = y
        ↓
   輸出最大獲利 M
```

程式設計

```
1 a1,b1,c1 = map(int,input().split())
2 a2,b2,c2 = map(int,input().split())
3 n = int(input())
4 M = -99999                              #M是最大獲利，初始值設成很小
5 for i in range(n + 1):
```

```
 6                              #工廠一分配i人,工廠二n-i人的總獲利
 7      y = a1*i*i + b1*i + c1 + a2*(n-i)*(n-i) + b2*(n-i) + c2
 8      if M < y:               #如果最大獲利<計算出的獲利
 9          M = y               #將計算出的獲利設為最大獲利
10 print(M)
```

執行結果

```
33 66 99                        -1000 -1000 -1000
-25 35 -45                      1000 1000 1000
55                              100


99856                           10100000
```

學習挑戰

一、選擇題

1. range(10, 1, 2) 產生的數列有多少個數?

   (A) 10 　　　　　　　　　　(B) 9

   (C) 5 　　　　　　　　　　 (D) 0

2. 若 a = 5,執行以下程式,輸出為何?

   ```
   for i in range(20):
       i = i + a
   print(i)
   ```

   (A) 19 　　　　　　　　　　(B) 20

   (C) 24 　　　　　　　　　　(D) 25

3. 執行以下程式,total = ?

   ```
   total = 10
   for i in range(1, 11):
       total = total + i
   ```

   (A) 10 　　　　　　　　　　(B) 45

   (C) 55 　　　　　　　　　　(D) 65

4. 執行以下程式,total = ?

   ```
   total = 0
   for i in range(1, 11, 3):
       total = total + i
   ```

   (A) 12 　　　　　　　　　　(B) 22

   (C) 35 　　　　　　　　　　(D) 55

5. 執行以下程式，輸出為何？

    ```
    for i in range(9):
        print(i, end = ' ')
        i = i + 1
    ```

    (A) 0 2 4 6 8
    (B) 0 1 2 3 4 5 6 7 8
    (C) 0 1 3 5 7
    (D) 0 1 3 5 7 9

6. 若 t = 0，執行以下程式，t 值為何？

    ```
    for i in range(6):
        for j in range(6):
            t = t + 1
    ```

    (A) 5
    (B) 10
    (C) 25
    (D) 36

7. 若 t = 0，執行以下程式，t 值為何？

    ```
    for i in range(10):
        for j in range(i, 10):
            t = t + 1
    ```

    (A) 55
    (B) 75
    (C) 90
    (D) 100

8. 若 t = 0，執行以下程式，t 值為何？

    ```
    for i in range(10):
        for j in range(10):
            if i % 2 == 0 or j % 2 == 0:
                continue
            t = t + 1
    ```

    (A) 5
    (B) 25
    (C) 55
    (D) 75

9. 執行以下程式，p 值為何？

    ```
    p = 2
    while p < 2000:
        p = 2 * p
    ```

    （A）1023　　　　　　　　　　（B）1024
    （C）2047　　　　　　　　　　（D）2048

10. 若 n = 1，執行以下程式，n 值為何？

    ```
    while n != 6:
        n = n + 2
    ```

    （A）1　　　　　　　　　　　（B）6
    （C）9　　　　　　　　　　　（D）無窮迴圈

11. 若 i = 2, x = 3, N = 65536，執行以下程式，輸出為何？

    ```
    while i <= N:
        i = i * i * i
        x = x + 1
    print(i, x)
    ```

    （A）134217728 6　　　　　　（B）68921 43
    （C）65537 65539　　　　　　（D）2417851352 7

12. 執行以下程式，x 值為何？

    ```
    x, y, z = 20, 0, 8
    while y < z:
        x = x - 1
        y = y + 1
    ```

    （A）20　　　　　　　　　　　（B）12
    （C）13　　　　　　　　　　　（D）125

13. 若 num = 11，執行以下程式，輸出為何？

    ```
    while num >= 0:
        if num % 5 == 0:
            break
        num = num - 2
        print(num, end = ' ')
    ```

    (A) 9 7 5 3
    (B) 9 7 5
    (C) 11 9 7 5
    (D) 11 9 7 5 3

14. 執行以下 Python 程式片段，其結果為何？

    ```
    i = s = 0
    for j in range(6):
        while i < j:
            i = i + 1
        s = s + j
    print(s % 4)
    ```

    (A) 0
    (B) 1
    (C) 2
    (D) 3

二、應用題

1. 下圖是一個四層的金字塔球，寫一程式，輸入 n 後，輸出要多少顆球，才能堆積成一個 n 層的金字塔球。

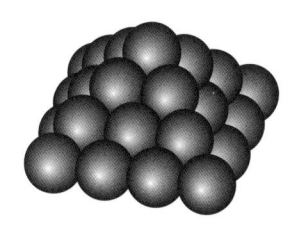

2. 完成下列程式，輸入正整數 n 時，能計算出以下各項的值。

    (1) 1 * 2 * 3 * 4 ...... * n

    (2) 1 - 2 + 3 - 4 + ... +(-) n

    (3) 1 + 1 / 2 + 1 / 3 + ... + 1 / n

3. 寫一程式，能輸出小於 n，且所有位數和為 9 的數值。例如：n = 1000，輸出 9 18 27 36 45 .... 900。

4. 若最多有 n 個糖果要分裝，7 個一數餘 5，11 個一數餘 5，17 個一數餘 5。寫一程式，輸出所有可能的分裝結果。

5. 圓周率 π 的計算如下，寫一程式，計算前 1000 項的 π 值。

    $$\pi = 4 - \frac{4}{3} + \frac{4}{5} - \frac{4}{7} + \frac{4}{9} - \frac{4}{11} + \frac{4}{13} ....$$

6. 寫一程式，使用雙重 for 迴圈，輸入一個整數 N 後，輸出下列 N 列符號三角形，例如：N = 5 時，輸出下圖。

```
#####
*****
#####
*****
#####
```

05

字串

本章學習重點

- 字串的基本概念
- 字串的操作
- 字串的方法或函式
- APCS 實作題

本章學習範例

- 範例 5.1-1 顏色的 16 進位數
- 範例 5.1-2 整數和
- 範例 5.2-1 字串處理
- 範例 5.2-2 輸出中空矩形
- 範例 5.2-3 字串分割與交換
- 範例 5.2-4 跑馬燈
- 範例 5.2-5 移除標點符號
- 範例 5.2-6 位數的乘積（a149）
- 範例 5.2-7 括號配對
- 範例 5.3-1 判斷迴文（palindrome）
- 範例 5.3-2 搜尋文字的所有位置
- 範例 5.4-1 字串壓縮（201802 APCS 第 2 題）

5.1 字串的基本概念

5.1.1 字串的特性

第 1.3 節曾簡單介紹過字串，本章將進一步說明字串的使用。首先了解字串的特性。

1. **字串是由字元組成**

   字元是指單一個字母、數字、空白、或符號等。例如：字串 'Python' 是由 'P', 'y', 't', 'h', 'o', 'n' 這 6 個字元組成的。

   ```
   字  串            字           元
   'Python'    | P | y | t | h | o | n |
   ```

2. **字串的字元是不可變的**

   組成字串的字元是不能被改變的，例如：不能直接將字串 'Py' 改為 'py'，只能複製一份，再修改新字串，原字串不變。

3. **字串的字元是有序排列的**

   也就是字元是按順序排列在一起的，可用索引來存取，因此可以使用 for 迴圈、切片等和索引有關的操作。

5.1.2 字串的表示

字串可使用單引號 '、雙引號 "、三引號 ''' 或 """ 來表示。前後兩個引號要相同，不能混用。例如：

`'I"`	#×，因為字串符號前面用 '，後面用 "，前後要相同
`"I'm"`	#○，"內的 ' 或 ' 內的 " 不會被當成字串結束的符號
`'I'm'`	#×，'I' 被視為字串，m' 會造成語法錯誤
`'I\'m'`	#○，第2個 ' 使用跳脫字元\，所以不是字串結束符號

1. 跳脫字元

    許多程式語言在字元前加上反斜線 \，就表示該字元在此處是跳脫字元（escape character），也就是跳脫字元原來的意義，轉成其他意思。

    如上例，'I\'m' 的第 2 個 ' 原意是字串的開始或結束，改成 \'，就是要告訴直譯器，此處的 ' 要跳脫在原意，轉意成是字串的內容，也就是單引號 '。以下是一些常用的跳脫字元：

跳脫字元	意義
\'	' 原意是字串開始或結束，轉意成字元單引號 '
\"	" 原意是字串開始或結束，轉意成字元雙引號 "
\t	t 原意是字元 t，轉意成定位符號
\n	n 原意是字元 n，轉意成換行
\\	\ 原意是續行符號，轉意成字元反斜線 \

    如下例，字串內的 \n 會被轉意成「換行」：

    ```
    print('Hello,\nPython')
    ```

    輸出結果如下：

    ```
    Hello,
    Python
    ```

2. 原始字串

    若要字串內的字元不要轉意，可將該字串表示為原始字串。跟 f 字串是在字串前加上 f 類似，原始字串是在字串前加上 r（raw，原始的）。

    如下例，在 Windows 系統中，使用程式操作檔案時，若用字串 p 來表示檔案路徑 c:\a\b\c\d\1.py，每個 \ 都需使用跳脫字元 \\，會很麻煩，因此可改用原始字串來表示。

    ```
    p = 'c:\\a\\b\\c\\d\\1.py'        #使用跳脫字元來表示檔案路徑
    p = r'c:\a\b\c\d\1.py'            #使用原始字串來表示檔案路徑
    ```

3. 多行字串

    (1) 行末加反斜線 \

    某行程式要換行寫，可在行末加上續行符號反斜線 \ 後，換行再繼續寫。字串也是程式碼的一部分，若一字串需要換行表示，也可在行末加上反斜線 \，如以下程式碼。

```
s = 'Hello,\
Python'                                    #多行字串需加\
```

注意，行末的 \ 後面不能有任何字元，包含空格、註解、或其他符號等。以下程式執行時會發生錯誤，因為 \ 後加了註解。

```
s = 'Hello,\                               #多行字串需加\
Python'                                    # 上一行 \ 後不能有註解等任何字元
```

    (2) 使用三引號

    字串也可以使用前後各 3 個單引號 ''' 或各 3 個雙引號 """ 來表示，引號內看到的文字，就是字串的內容，也就是所見即所得，但 3 個引號須同為 ' 或 "，且前後要一致。

    三引號可用來定義多行字串，字串內可以包含任意個 '、" 或換行，也可以跨行。例如：以下程式會輸出兩個三引號 ''' 間的文字，包含空格、換行、及所有灰底的文字。

```
s = '''這是一支 Python程式'比較三個字元'
    輸入'A','a','0'後，找出最大字元是'a'
'''
print(s)
```

　　三引號也可用在長註解。若註解有多行，每行開頭使用 #，會很麻煩，此時可在多行註解的前後，分別加上三引號來表示註解。若有一段程式碼暫時不想執行，也可以在此段程式碼的前後加上三引號。

5.1.3 字串的儲存

電腦使用 2 進位制，所以會用 2 進位編碼值來儲存字元，並以 ASCII 碼來儲存英文字母、數字或符號等字元。為了方便使用，這些 2 進位編碼值常用 10 進位 ASCII 碼來表示。

下表是數字 '1'、'A'、'a' 對應的 ASCII 碼，在 ASCII 表中，大寫字母是在小寫字母前面。

字　元	1	A	a
10 進位 ASCII 碼	49	65	97
2 進位 ASCII 碼	0011 0001	0100 0001	0110 0001

從 ASCII 表也可推知，字串 Python 儲存在電腦的 2 進位編碼如下：

字　元	P	y	t	h	o	n
10 進位 ASCII 碼	80	121	116	104	111	110
2 進位 ASCII 碼	01010000	01111001	01110100	01101000	01101111	01101110
2 進位 ASCII 碼	010100000111100101110100011010000110111101101110						

Python 中，字元和 ASCII 碼轉換的函式有 ord() 和 chr()（圖 5-1）。

圖 5-1 字元和 ASCII 碼轉換的函式

1. ord(' 字元 ')

　　取得某一個字元對應的 ASCII 碼，例如：ord('a') 會取得 97。

2. chr(整數)

　　取得某一個整數 ASCII 碼對應的字元，例如：chr(65) 會取得字元 A。

　　Python 的字串名稱是一個指向字串內容的位址，使用指定運算 = 時，並不是複製一個新字串，而是指向同一個字串，例如：

```
t1 = 'ab'                              #t1指向字串ab
t2 = t1                                #t2,t1指向同一個字串ab
t1 = 'xyz'                             #t1改指向xyz，不影響t2
print(f't1={t1} t2={t2}')              #輸出t1=xyz t2=ab
```

5.1.4 字串的索引

使用字串前，先要了解索引。如下圖，以字串 s = 'Python' 為例，每個字元都對應 2 個編號，這 2 個整數編號都是字串的索引（圖 5-2）。

上方的正向索引從 0 開始，代表第 1 個字元，依次往後，最後一個編號是字串長度 - 1。下方的反向索引則從 -1 開始，代表最後一個字元，依次往前，最後一個編號是 - 字串長度。

索引	0	1	2	3	4	5
字元	P	y	t	h	o	n
反向索引	-6	-5	-4	-3	-2	-1

圖 5-2 串列的索引

要取得字串內的單個字元，可使用「字串名稱 [索引]」，例如：s[1] 是 y，s[-6] 是 P。

(1) s 是字串名稱，其值是記憶體位址，是指向字串內容的位址。

(2) 索引的範圍為 0 ~ 5，不是 1 ~ 6。反向索引是 -1 ~ -6。

使用 len(s) 函式可取得字串 s 的長度，例如：len('Python') 會回傳 6。

因此索引的範圍也可表示為 0 ~ len(s) - 1 或 -1 ~ -len(s)。

(3) 使用超過範圍的索引，也就是索引 >= len(s)，如 s[6]，會發生執行錯誤。

(4) 字串 s 有 s[0], s[1], s[2], s[3], s[4], s[5] 共 6 個字元。

第一個是 s[0]，不是 s[1]；最後一個是 s[5]，不是 s[6]。

第 i 個是 s[i - 1]。

(5) 因為字串是不可以改變字元的，所以不能直接使用 s[0] = 'p' 之類的敘述，改變字串 s。

要改變字串，要先複製一份副本，在副本上變更，後續章節會說明操作的方法。

小試身手

1. 分別執行以下程式，結果為何？請說明原因。

    (1) ```
    a = 0
    print('a' + 1)
    ```

    (2) ```
    s ='snow world'
    s[3]=''
    print(s)
    ```

    (3) `print(r"\nhello")`

    (4) `print(chr(ord('b') + 1))`

2. 寫出能輸出字串 C:\hello\python.txt 的程式

    _____

5.1.5 格式化輸出

有特定格式的資料要輸出時，可使用格式化輸出。Python 的格式化輸出方法有多種，若使用 Python 3.6（含）版以上，推薦採用 f 字串，2.2 節曾簡單介紹過 f 字串。

使用 f 字串的好處是簡潔易讀，執行速度快，且提供多種格式，如小數位數、對齊方式、進位制等，還能快速生成複雜的輸出，減少使用 + 等串接符號。

f 字串是使用 f'{ 內容 : 格式 }' 來表示字串，內容可以是變數、運算式或函式等，格式是使用格式符號，來控制顯示方式。以下是一些常見的格式符號及例子：

f'{6:4}'	寬度 4，顯示 ' 6'，6 前面有 3 個空格
f'{6:04}'	寬度 4，不足補 0，顯示 '0006'
f'{2-6:+04}'	寬度 4，不足補 0，+ 正負號，顯示 '-004'
f'{26:04x}'	x 是小寫（X 大寫）16 進位，04 補 0 至 4 位數，顯示 '001a'
f'{20:04o}'	o 是 8 進位，04 補 0 至 4 位數，顯示 '0024'
f'{20:08b}'	b 是 2 進位，08 補 0 至 8 位數，顯示 '00010100'
f'{3.14159:05.2f}'	.2f 浮點數取至小數第 2 位，05 含 . 補 0 至 5 位，顯示 '03.14'

以下列舉 2 個例子說明 f 字串各個位置的意義，方便大家理解。

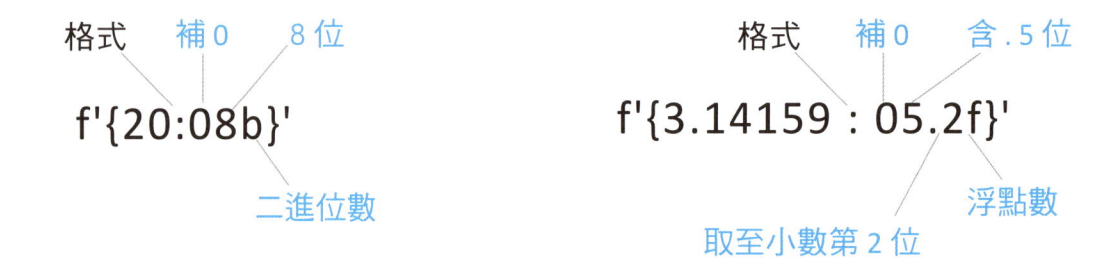

格式　補 0　8 位

f'{20:08b}'

二進位數

格式　補 0　含 .5 位

f'{3.14159 : 05.2f}'

浮點數
取至小數第 2 位

以下程式碼是計算 bmi 值，並用 f 字串輸出，輸出結果為「James 身高 170 體重 58.5 bmi 值 20.2」。

```
name = 'James'
h, w = 170, 58.5
m = h / 100
print(f'{name}身高{h}體重{w} bmi值{w/m**2:.1f}')
```

取至小數第 1 位　浮點數

print(f'{name} 身高{h} 體重{w} bmi值{w/m**2 : .1f}')

James　170　58.5　計算出之 bmi 值

範例 5.1-1　顏色的 16 進位數

電腦常用 6 個 16 進位值來代表不同的顏色，格式為 #rrggbb，其中 rr 是紅色，gg 是綠色，bb 是藍色。這三色的 16 進位值範圍在 00～FF，用以表示顏色的強度。

寫一程式，輸入 3 個表示紅綠藍強度的 10 進位數（0～255），將其轉成對應的 16 進位數顏色。例如：輸入 255,165,1，輸出 #FA501；輸入 0,0,128，輸出 #000080。

解題方法

1. 先將輸入的字串轉成代表 rgb 三色的 10 進位整數，再使用 f 字串以 16 進位值輸出。

2. 輸入的 3 數用 , 分隔，讀取輸入可用 r, g, b = map(int, input().split(','))。

3. 要輸出大寫 16 進位值，所以 f 字串的格式為 X，即 f'#{r:X}{g:X}{b:X}'。

4. 每種顏色要有 2 位數，不足者補 0，所以可使用

    f'#{r:02X}{g:02X}{b:02X}'

程式設計

```
r, g, b = map(int,input().split(','))
color = f'#{r:02X}{g:02X}{b:02X}'    #補0至2位數，使用大寫16進位值
print(color)
```

執行結果

```
200,220,250

#C8DCFA
```

```
0,32,168

#0020A8
```

範例 5.1-2　整數和

寫一程式，輸入整數 n，輸出 n + nn + nnn + nnnn 之值。例如：輸入 n = 5，輸出 5 + 55 + 555 + 5555 = 6170。

解題方法

1. 使用 f 字串分別產生 n, nn, nnn, nnnn 這 4 個字串。
2. 將這 4 個字串使用 int()，轉成整數後相加，再輸出結果。

程式設計

```
1 n = input()
2 nn = f'{n}{n}'                              #使用 f字串產生 nn 這個字串
3 nnn = f'{n}{n}{n}'
4 nnnn = f'{n}{n}{n}{n}'
5 print(int(n) + int(nn) + int(nnn) + int(nnnn))
```

執行結果

3	999
3702	1001001000996

5.2 字串的操作

以下介紹一些常見的字串操作。

5.2.1 數學運算（+ * == != > >= < <=）

字串的數學運算包含串接 +、重複 *、比較三類。

1. 加法串接 +：串接兩個字串

```
a, b = 'Hello','Python'
a = a + b                          #a與b串接後，再指定給左側變數a
print(a)                           #輸出HelloPython
```

前面曾提到，字串是不可變的，但為何可以串接？實際上，字串串接時，是先複製一個新字串，再串接，原字串是不變的，因此串接後的字串是新字串。

使用 + 串接時，會先複製原物件，如果需要頻繁串接，或串接很長的字串時，+ 的執行效率會較差，此時可改用 f 字串或其他方法。

2. 乘法重複 *：重複生成字串

```
a = '123'
a = a * 3                          #'123'重複3次
print(a)                           #輸出123123123
```

a * 3 也可寫成 3 * a。同樣地，重複生成的字串，也是新字串，原字串是不變的。

3. 比較 ==, !=, >, >=, <, <=

比較兩個字串時，會從第一個字元開始，逐個比較兩個字串的每個字元，並根據其 ASCII 碼的大小來決定，若兩字串的長度不同，較短的字串會被視為較小。

大小寫字母的判斷，常會用比較符號，例如：

```
'a' <= s <= 'z'                                    #s是小寫字母
'A' <= s <= 'Z'                                    #s是大寫字母
```

小試身手

執行下列程式碼後，輸出為何？

```
a, b = 'Hi', 'Py'
s = a
a = a + b
print(f'a = {a}, s = {s}')
```

```
m = 3 * '6' + '34' * 2
print(m)
```

5.2.2 切片

　　字串的切片（slice）是將字串切一片下來，也就是從字串中取出連續的一部分，或按一定間隔，取出一部分字元，產生新的字串。

　　切片是很好用的解題工具，切的方法是「切頭不切尾」，語法如下：

字串名稱[開始索引:結束索引(不含):間隔]

- 若開始索引是 0，或間隔是 1，可以省略不寫。
- 切出的字串並不含結束索引的字元。
- 間隔 > 0 表示往右切，< 0 往左切。
- 開始索引或結束索引不寫時，會自動取最大區間。
- 索引超出範圍，不會出現錯誤訊息，會自動截斷至最大範圍。

　　以字串 s 為例，常用的切片如下：

① 整個字串 s[::]　　　　② 字串倒轉 s[::-1]

③ 取前 n 個字元 s[:n]　　④ 取後 n 個字元 s[-n:]

若 s = 'Python'，下表列舉一些切片的例子：

```
        0   1   2   3   4   5
   s = [ P | y | t | h | o | n ]
       -6  -5  -4  -3  -2  -1
```

	切片	意義	結果
1	s[1:3]	取得索引 1, 2 的字元，不含索引 3	yt
2	s[3:]	取得索引 3 以後的字元	hon
3	s[:3]	取得前 3 個字元，即索引 0, 1, 2，等同 s[0:3]	Pyt
4	s[::2]	取最大區間，由索引 0 開始，每隔 2 個索引取得字元	Pto
5	s[-2:]	取得倒數 2 個字元。從索引 -2 開始，往右取得字元	on
6	s[:-2]	從索引 0 開始，往右到索引 -2，取得字元	Pyth
7	s[-2:0]	從索引 -2 開始，往右到索引 0，取不到任何字元	空字串
8	s[::-1]	s[:] 是整個字串，-1 為往左，[::-1] 會將字串倒轉	nohtyP
9	s[2::-1]	-1 是往左每隔 1 個，由索引 2 往左，取得索引 2, 1, 0	tyP
10	s[:1:-2]	-2 是往左每隔 2 個，由最大索引到 1，取得索引 5, 3	nh

以下用圖形說明 s[::2]、s[-2:]、s[:1:-2] 切片的結果。

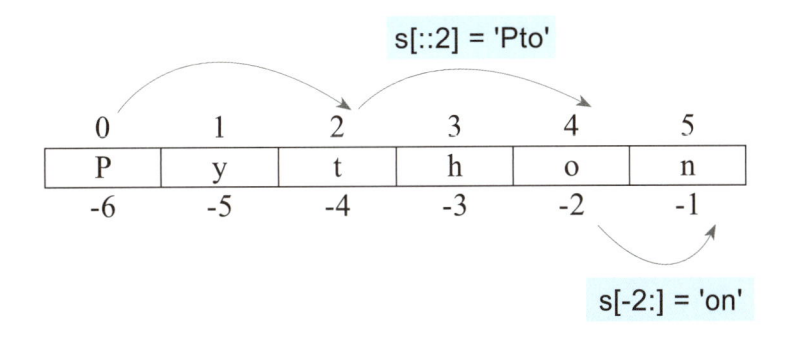

s[::2] = 'Pto'

```
   0   1   2   3   4   5
 [ P | y | t | h | o | n ]
  -6  -5  -4  -3  -2  -1
```

s[-2:] = 'on'

s[:1:-2] 中，-2 表示由右往左切，取最大區間，所以取右邊最大值 5，等同 s[5:1:-2]。

s[:1:-2] = 'nh'

```
   0   1   2   3   4   5
 [ P | y | t | h | o | n ]
```

有索引（有序）的物件都可以使用切片，如 range()、字串等，無索引（無序）的物件沒有索引，無法依索引範圍進行切片。

小試身手

使用切片，寫出以下操作字串 s 的指令：

(1) 取出 s 前 5 個字元 ＿＿＿＿＿＿

(2) 取出 s 最後 6 個字元 ＿＿＿＿＿＿

(3) 取出偶數索引之字元 ＿＿＿＿＿＿

(4) 取出奇數索引之字元 ＿＿＿＿＿＿

(5) 將 s 反轉 ＿＿＿＿＿＿

(6) 取出偶數索引之字元後反轉 ＿＿＿＿＿＿

範例 5.2-1　字串處理

寫一程式，輸入一個字串，若字串長度小於 3，維持不變，否則在字串的末尾添加 ing，若字串已是 ing 結尾，則添加 ly，若字尾是 e，去 e 加 ing。

範例一：輸入	範例二：輸入
string	drive
範例一：正確輸出	範例二：正確輸出
stringly	driving

解題方法

1. 「若字串長度小於 3，維持不變 …」，可視為以下敘述

   「若字串長度 > 2，在字串的末尾添加 ing …」。

2. 解題演算法可設計如下：

   輸入字串 s

如果 s 的長度 > 2

　　如果字串 s 是 ing 結尾

　　　　s 字尾加 ly

　　否則如果字串 s 是 e 結尾

　　　　s 去 e 加 ing

　　否則

　　　　s 加 ing

輸出字串 s

3. 解題流程圖如下：

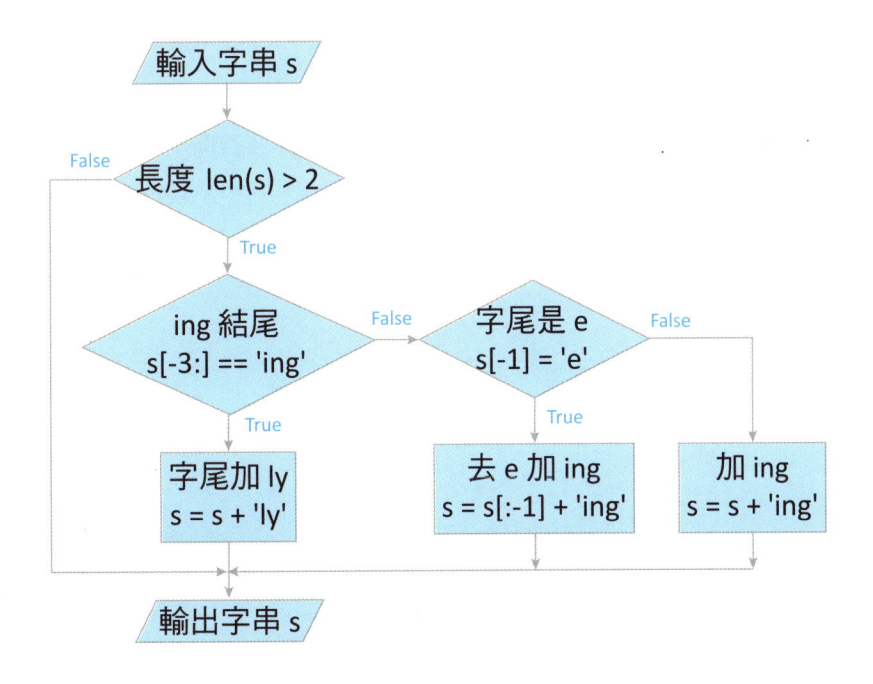

```
輸入字串 s
    ↓
長度 len(s) > 2  ──False──┐
    │ True                │
    ↓                     │
ing 結尾          False   字尾是 e        False
s[-3:] == 'ing' ──────→  s[-1] = 'e'  ─────────┐
    │ True                │ True              │
    ↓                     ↓                   ↓
字尾加 ly           去 e 加 ing           加 ing
s = s + 'ly'       s = s[:-1] + 'ing'    s = s + 'ing'
    │                     │                   │
    └─────────────────────┴───────────────────┘
                    ↓
              輸出字串 s
```

4. 將解題演算法，轉成 Python 語法。

　　輸入字串：s = input()

　　如果 s 的長度 > 2：if len(s) > 2:

　　s 是 ing 結尾：也就是 s 的最後 3 個字元是 ing，即 s[-3:] == 'ing'

s 的字尾加 ly：s = s + 'ly'

s 的字尾是 e：s[-1] == 'e'

s 去 e 加 ing：去 e 可使用切片 s = s[:-1]，所以可寫成 s = s[:-1] + 'ing'

s 加 ing：s = s + 'ing'

程式設計

```
1 s = input()                    #輸入字串s
2 if len(s) > 2:                 #字串s的長度>2
3     if s[-3:] == 'ing':        #若字串是ing結尾
4         s = s + 'ly'           #字尾加ly
5     elif s[-1] == 'e':         #字尾是e
6         s = s[:-1] + 'ing'     #去e加ing
7     else:                      #否則
8         s = s + 'ing'          #字尾加ing
9 print(s)
```

執行結果

```
write              speak              abcing

writing            speaking           abcingly
```

範例 5.2-2　輸出中空矩形

寫一程式，輸入一個邊長（> 2），輸出邊長是 * 的中空矩形。

範例一：輸入　　　　　　　　　範例二：輸入

3　　　　　　　　　　　　　　4

範例一：正確輸出

```
***
* *
***
```

範例二：正確輸出

```
****
*  *
*  *
****
```

解題方法

1. 若矩形邊長為 n，觀察要輸出的中空矩形，第 1 列和最後 1 列相同，都有連續 n 個星號 *，這 2 列可使用 * 運算，重複產生 n 個星號 *。

2. 在第 2～n - 1 列中，每列前後各有 1 個星號 *，中間有 n - 2 個空格。

    中間的空格可用 * 運算，重複產生 n - 2 個空格，再用 + 運算，跟前後的星號 * 串接起來。

    所以可使用 for 迴圈，反覆輸出第 2～n - 1 列，迴圈需執行 n - 2 次。

3. 解題演算法可設計如下：

    輸入矩形邊長 n

    輸出第 1 列連續 n 個星號 *（'*' * n）

    for 迴圈執行 n - 2 次

    　　輸出一列前後各有一個 *，中間有 n - 2 格空白（'*' + ' ' * (n - 2) + '*'）

    輸出最後 1 列連續 n 個星號 *（'*' * n）

4. 解題流程圖如下：

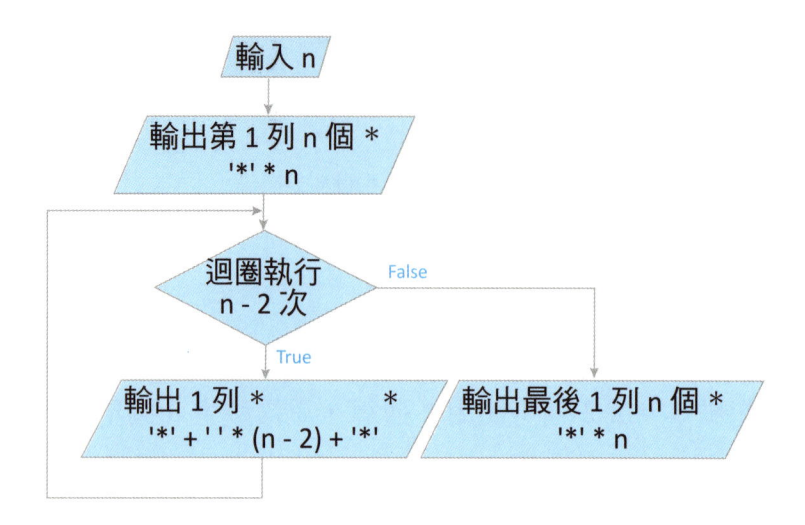

```
輸入 n
   ↓
輸出第 1 列 n 個 *
'*' * n
   ↓
迴圈執行 n - 2 次 ──False──→ 輸出最後 1 列 n 個 *
   │True                      '*' * n
   ↓
輸出 1 列 *       *
'*' + ' ' * (n - 2) + '*'
```

程式設計

```
1 n = int(input())
2 print('*' * n)
3 for i in range(n - 2):
4     print('*' + ' ' * (n - 2) + '*')
5 print('*' * n)
```

範例 5.2-3　字串分割與交換

寫一程式，輸入一個字串，從中間分割成兩半，若長度是奇數，前半多一個字元，將兩半交換後輸出。

範例一：輸入	範例二：輸入
abcdef	1234567
範例一：正確輸出	範例二：正確輸出
defabc	5671234

字串 ◀◀ Chapter 05

解題方法

1. 要將字串分割,可以使用切片,先找出切分點。

2. 例如:若字串 s 長度是 7,如下圖左,前半部是 s[:4],後半部是 s[4:],切分點為 (7 + 1) // 2 = 4。

   若字串 s 長度是 6,如下圖右,切分點為 (6 + 1) // 2 = 3。

   | 4 | 3 | | 3 | 3 |

3. 字串 s 的長度是 len(s),所以切分點的索引為 d = (len(s) + 1) // 2。

4. 將字串分割分割成 s[:d] 和 s[d:],交換後的字串為 s[d:] + s[:d]。

程式設計

```
s = input()
d = (len(s) + 1)// 2            #找出切分點的索引
print(s[d:] + s[:d])            #將字串前後兩半交換後輸出
```

執行結果

```
abcdefghijklm

hijklmabcdefg
```

範例 5.2-4 跑馬燈

跑馬燈顯示訊息時,會將文字由右向左捲動。若跑馬燈第 1 秒會從右邊顯示訊息的第 1 個字元,第 2 秒顯示 2 個字元,依此類推,最後訊息會從跑馬燈左邊消失,變成空白。

例如:若跑馬燈的寬度為 6,顯示的訊息為 Hello,跑馬燈每秒顯示的內容如下,到了第 11 秒又會從頭開始循環。

0	......	1	.....H	2	....He	3	...Hel
4	..Hell	5	.Hello	6	Hello.	7	ello..
8	llo...	9	lo....	10	o.....		

5-19

寫一程式，輸入跑馬燈的寬度、訊息、及秒數 t 後，輸出第 t 秒跑馬燈上顯示的內容。

輸入：3 行，第 1 行是 1 個整數，代表跑馬燈的寬度。第 2 行是一串文字，代表顯示的訊息，長度 ≤ 50。第 3 行是 1 個整數，代表第 t 秒。

輸出：1 行，跑馬燈第 t 秒時顯示的文字，一個空格請使用一個 . 表示。

範例一：輸入	範例一：正確輸出
16	y Christmas!....
Merry Christmas!	
20	

解題方法

1. 讀取輸入的資料，設跑馬燈寬度為 w，輸入的訊息為 m，時間第 t 秒。

2. 將跑馬燈顯示的文字串接成一個字串 tm 如下：

   tm = w 個空格 + 訊息 + w 個空格 + 訊息 + ……

   可以發現 tm 每隔「w 個空格 + 訊息」會循環一次，所以可將時間 t 指定為 t 除以 w + len(訊息) 的餘數。

3. 字串 tm 在 t ~ t + w 的切片，就是跑馬燈第 t 秒會顯示的內容。

程式設計

```
1  w = int(input())
2  m = input()
3  t = int(input())
4  tm = '.' * w + m + '.' * w        #跑馬燈上會顯示的文字
5  t = t % (w + len(m))              #每隔w+len(m)秒循環1次，所以取餘數
6  print(tm[t:t + w])                #第t秒會顯示的內容
```

> **執行結果**

```
25
Taiwan number one!
150

....Taiwan number one!...
```

5.2.3 成員運算

判斷某個字元是否在（in）或不在（not in）字串中，運算結果是 True 或 False。

```
print('Py' in 'Python')         #輸出True，'Py'在'Python'裡是對的
print('He' not in 'Hello')      #輸出False，'He'不在'Hello'裡是錯的
```

5.2.4 字串的遍歷

字串的遍歷（traversing）是指逐一拜訪字串內的每一個字元，可使用元素或索引的方式遍歷。

1. 使用元素遍歷（for 變數 in 字串）

也就是逐個元素拜訪，若 s 是字串，

for i in s 是「對在字串 s 內的每一個字元 i」，

也就是用變數 i，逐一代表字串 s 的每個字元。例如：

```
s = 'abc'
for i in s:                     #對在字串s內的每一個字元i
    print(i, end = ' ')         #輸出a b c
```

5-21

可以把 i 當成是代表字串每個元素的變數。迴圈執行過程如下：

① | 'a' | 'b' | 'c' |
　　　i

② | 'a' | 'b' | 'c' |
　　　　　　i

③ | 'a' | 'b' | 'c' |
　　　　　　　　　i

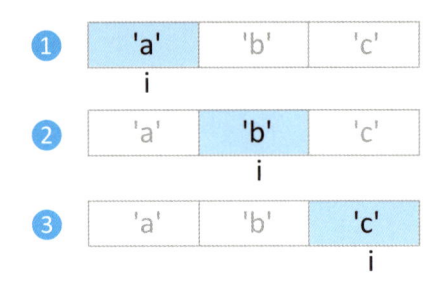

(1) 第 1 次迴圈，i 指向 s 的第 1 個元素 a，執行迴圈內的 print，輸出 a。

(2) 第 2 次迴圈，i 指向 s 的第 2 個元素 b，執行迴圈內的 print，輸出 b。

(3) 第 3 次迴圈，i 指向 s 的第 3 個元素 c，執行迴圈內的 print，輸出 c。結束迴圈。

2. 使用索引遍歷（for 變數 in range(字串長度)）

「for 變數 in 字串」是以元素作為迴圈的變數，「for 變數 in range(字串長度)」則是以索引作為迴圈的變數。

使用索引遍歷字串 s。依序輸出字串 s 之字元，也可撰寫如下：

```
s = 'abc'
for i in range(len(s)):    #range(len(s))→range(3)→0,1,2→i=0~2
    print(s[i], end = ' ') #輸出 s[0] s[1] s[2]，即 a b c
```

range(len(s)) 等同 range(3)，range(3) 會產生數列 0, 1, 2，i 值為 0, 1, 2，i 是字串每個索引的變數。迴圈執行過程如下：

①　　i
　　　0　　1　　2
　　| 'a' | 'b' | 'c' |
　　　a[0]

②　　　　　i
　　　0　　1　　2
　　| 'a' | 'b' | 'c' |
　　　　　a[1]

③　　　　　　　i
　　　0　　1　　2
　　| 'a' | 'b' | 'c' |
　　　　　　　　a[2]

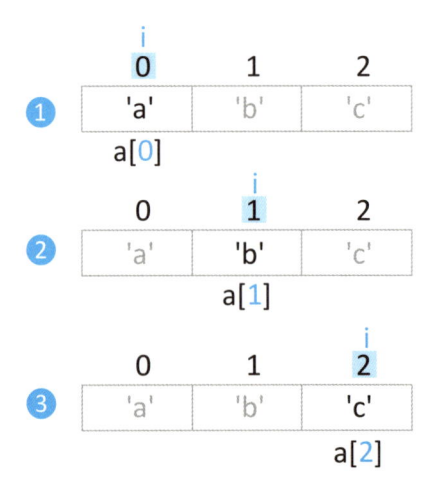

(1) 第 1 次迴圈，i = 0，執行迴圈內的 print，輸出 s[i] = s[0] = a。

(2) 第 2 次迴圈，i = 1，執行迴圈內的 print，輸出 s[i] = s[1] = b。

(3) 第 3 次迴圈，i = 2，執行迴圈內的 print，輸出 s[i] = s[2] = c。結束迴圈。

範例 5.2-5　移除標點符號

英文的標點符號包含 !()-[]{};:'\,<>./?"@#$%^&*_~，寫一程式，輸入一個英文句子後，輸出刪除標點符號後的句子。

範例一：輸入

'Hello Python!'

範例一：正確輸出

Hello Python

範例二：輸入

Hello!, he said... & and went.

範例二：正確輸出

Hello he said and went

解題方法

1. 要刪除句子中的標點符號，可使用 for 迴圈遍歷句子的每一個字元，如果不是標點符號，將此字元串接到新字串中，最後新字串就會是刪除標點符號後的句子。

2. 標點符號中可能會有多個特殊字元，如 ' 、" 等，所以可使用所見即所得的三引號來表示字串。同時為了讓字串內的字元不要轉意，所以可字串前加上 r，表示是原始字串。

   若用 pun 表示標點符號組成的字串，pun 可表示如下：

   pun = r"""!()-[]{};:'"\,<>./?@#$%^&*_~"""

3. 解題演算法可設計如下：

   輸入代表英文句子的字串 s

   標點符號組成的字串 pun = r"""!()-[]{};:'"\,<>./?@#$%^&*_~"""

   無標點符號的字串 nopun 初始值設為空字串 ''

執行迴圈，依序從字串 s 中取出一個字元 c

如果 c 不在標點符號的字串 pun 中

將 c 串接（+）到無標點符號的字串 nopun

輸出無標點符號的字串 nopun

4. 解題流程圖如下：

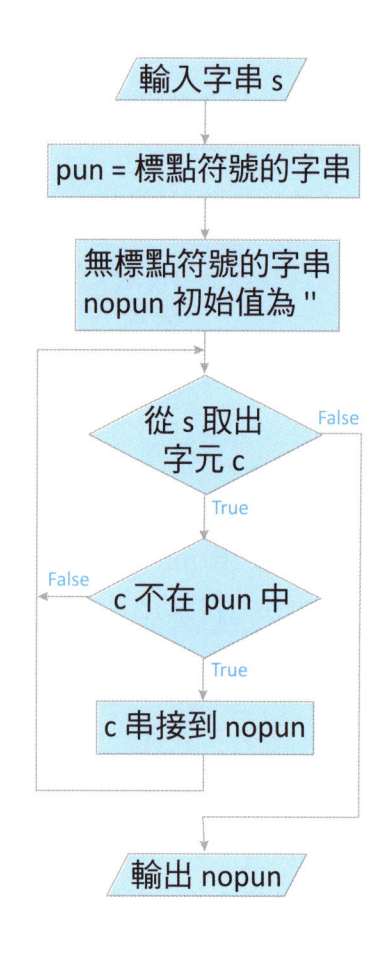

```
輸入字串 s
    ↓
pun = 標點符號的字串
    ↓
無標點符號的字串
nopun 初始值為 ''
    ↓
從 s 取出字元 c  ──False──→
    ↓ True
c 不在 pun 中  ──False──→
    ↓ True
c 串接到 nopun
    ↓
輸出 nopun
```

程式設計

```
1 pun = r'''!()-[]{};:"'\,<>./?@#$%^&*_~'''  #pun是標點符號組成的字串
2 s = input()
3 nopun =''                    #nopun是刪除標點符號後的字串，初始值為空字串
4 for c in s:
```

```
5    if c not in pun:     #若字元c不在標點符號的字串pun中
6        nopun = nopun + c    #將c串接到無標點符號的字串nopun
7 print(nopun)
```

執行結果

!a(b)c-d[e]f{g}h;i:j'k'l\m,n<o>p.q/r?s@t#u$v%w^x&y*z_z~

abcdefghijklmnopqrstuvwxyzz

範例 5.2-6　位數的乘積（a149）

寫一程式，將一個正整數的每個位數相乘。例如：輸入 258，2 * 5 * 8 = 80，所以輸出 80。

輸入：輸入一串用空白隔開的整數，代表各個數字。

輸出：每個數字的位數乘積，各乘積間以一個空格隔開。

範例一：輸入	範例二：輸入
123 12345	90 1357 2468
範例一：正確輸出	範例二：正確輸出
6 120	0 105 384

解題方法

1. 讀取輸入的資料，可能有一個或多個數字。

2. 使用 for 迴圈逐一取出每個數字，再使用 for 迴圈逐一取出數字的每一個字元，所以可使用 for 雙重迴圈來解題。

3. 每個整數之位數乘積 p 的初始值必須重新設為 1。

4. 解題演算法可設計如下：

讀取一串用空白隔開的整數到串列 m

執行迴圈，依序從 m 中取出一個字串 s

    累乘的積 p 設為 1

    執行迴圈，依序從字串 s 中取出一個字元 c

        將字元 c 轉成整數，並累乘到 p

    輸出累乘的積 p

5. 解題流程圖如下：

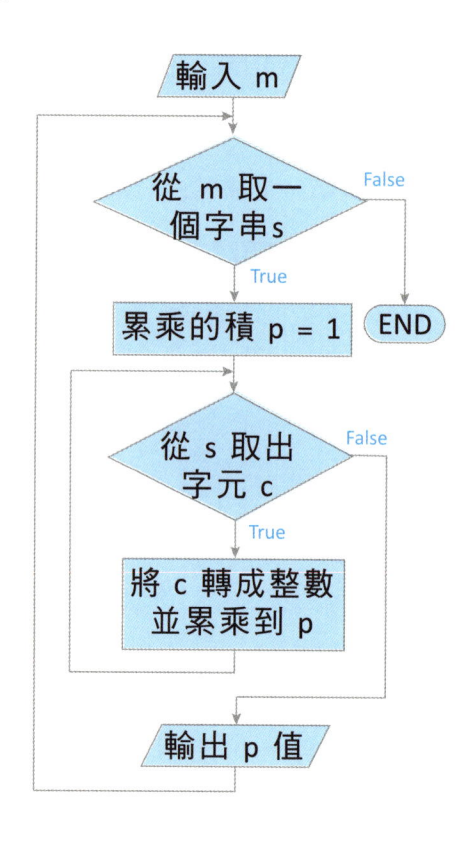

程式設計

```
1  m = input().split()
2  for s in m:                    #依序從m中取出一個字串s
3      p = 1                      #累乘的積p設為1
4      for c in s:                #依序從字串s中取出一個字元c
5          p = p * int(c)         #將c轉成整數，累乘到p
6      print(p, end = ' ')        #輸出累乘的積p
```

執行結果

```
123 9999 850
```
```
6 6561 0
```

```
123456789 1111 888 666
```
```
362880 1 512 216
```

範例 5.2-7　括號配對

程式內的左括號 (和右括號) 須符合配對規則，例如：(())() 是正確的，)(是不正確的，()(()()((()))(()))()() 是正確的。

有時括號過於複雜，就不容易檢查是否是正確配對，寫一程式，自動檢查輸入的括號是否正確配對。

輸入：一串括號組成的字串

輸出：若正確配對，輸出 Yes，否則輸出 No

範例一：輸入

)()

範例一：正確輸出

No

範例二：輸入

((((()))))

範例二：正確輸出

Yes

5-27

> 解題方法

1. 思考解題方法，可使用一個變數 p，來記錄括號配對的狀態，其初始值為 0。再遍歷字串，若是左括號 (，p 加 1，若是右括號)，p 減 1。配對規則如下：

   (1) 右括號) 不能先存在，所以若 p < 0，就停止判斷，輸出 No。

   (2) 左右括號會相互抵銷，最後 p 值需為 0，才是正確的配對。

2. 如下例，p 值最後是 1，所以不是正確的配對。

$$(\ (\ (\ ) \ (\ ) \ )$$
$$1 \ 2 \ 3 \ 2 \ 3 \ 2 \ 1$$

   下例中，p 值最後為 0，所以是正確的配對。

$$(\ ) \ (\ (\ ) \ (\ ) \ (\ (\ (\ ) \ (\ ) \ ) \ ) \ (\ ) \ ) \ (\ ) \ (\ )$$
$$1 \ 0 \ 1 \ 2 \ 1 \ 2 \ 3 \ 2 \ 3 \ 4 \ 5 \ 6 \ 5 \ 6 \ 5 \ 4 \ 3 \ 4 \ 3 \ 2 \ 1 \ 2 \ 1 \ 0 \ 1 \ 0$$

3. 解題演算法可設計如下：

   輸入括號組成的字串 s

   括號配對狀態 p 初始值設為 0

   執行迴圈，依序從字串 s 中取出一個字元 c

       如果 c == '('

           p 值 + 1

       如果 c == ')'

           p 值 - 1

       如果 p < 0

           break 跳離迴圈

   如果 p == 0，輸出 Yes，否則輸出 No

4. 解題流程圖如下：

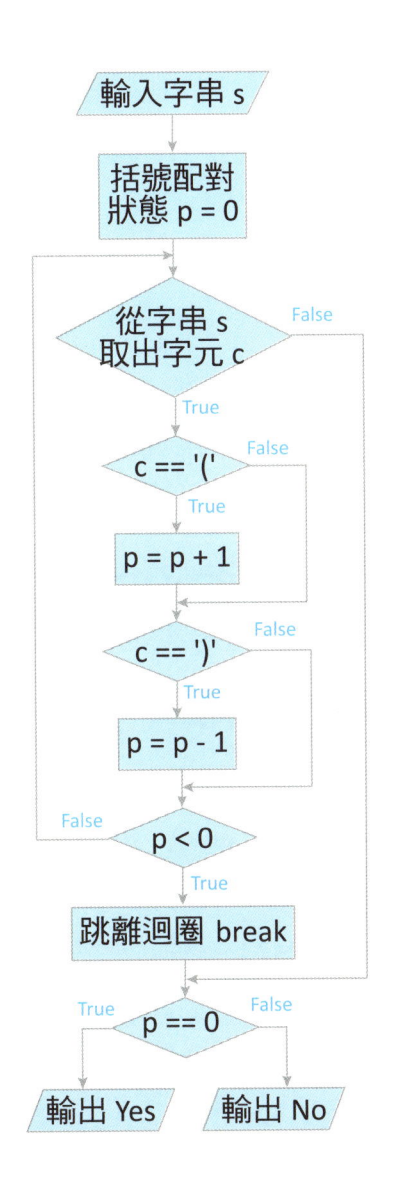

```
輸入字串 s
    ↓
括號配對
狀態 p = 0
    ↓
從字串 s  ──False──┐
取出字元 c         │
    ↓True          │
c == '('  ──False─┐│
    ↓True         ││
p = p + 1         ││
    ↓←────────────┘│
c == ')'  ──False─┐│
    ↓True         ││
p = p - 1         ││
    ↓←────────────┘│
p < 0  ──False────┘
    ↓True
跳離迴圈 break
    ↓
p == 0
  True↓  False↘
輸出 Yes   輸出 No
```

程式設計

```
1  s = input()
2  p = 0                    #用p來記錄括號配對的情形，初始值為0
3  for c in s:              #依序從字串s中取出一個字元c
4      if c == '(':         #若c是左括號(，p值+1
5          p = p + 1
6      if c == ')':         #若c是右括號)，p值-1
```

5-29

```
7            p = p - 1
8        if p < 0:                           #若p值<0,跳離迴圈
9            break
10 print('Yes') if p == 0 else print('No')   #輸出結果
```

執行結果

((( ) ( ) | ( ) (( ) (( ) ((( ) ( ))) ( )) ( ) ( )

No | Yes

5.3 字串的方法或函式

5.3.1 系統求助說明的使用

　　Python 的物件或模組有很多內建方法，不可能全記住，雖然有些程式編輯器，如 Visual Studio Code（VS code）、PyCharm 等，具有程式碼自動補全的功能，當使用者輸入部分指令時，編輯器會馬上顯示所有可能的指令，提供選用。

　　但若使用無自動補全程式碼的編輯器，如 Jupyter Notebook、官方版 Python IDLE 等，參考求助說明就很重要。以下介紹 dir() 和 help() 兩種方法：

1. dir(物件)：可查詢物件內建的方法。

整數或浮點數	dir(int) 或 dir(float)
字串	dir('') 或 dir(str)
串列	dir([]) 或 dir(list)

　　例如：使用 dir('') 查詢字串的內建方法，結果如下，其中雙底線 __ 開頭結尾的方法是系統定義的方法，在特定的情形下，不需呼叫，就會自動被調用。

```
>>> dir('')
['__add__','__class__','__contains__','__delattr__','__dir__',
...................,'capitalize','casefold','center','count','encode'
,'endswith','expandtabs','find','format','format_map','index','
isalnum','isalpha','isascii','isdecimal','isdigit','isidentifie
r','islower','isnumeric','isprintable','isspace','istitle','isu
pper','join','ljust','lower','lstrip','maketrans','partition','
removeprefix','removesuffix','replace','rfind','rindex','rjust'
,'rpartition','rsplit','rstrip','split','splitlines','startswit
h','strip','swapcase','title','translate','upper','zfill']
```

2. help(物件)

查詢某一函式的說明,例如:

- help(''.find) 或 help(str.find):可查詢字串 find 函式的使用說明。
- help(''.upper) 或 help(str.upper):可查詢字串 upper 函式的使用說明。

查詢其他函式可依此類推。

5.3.2 常用方法或函式

以下是一些字串常用的方法或函式,大家可一併參考 help() 的說明。

1. 尋找與修改

find 尋找	S.find(sub[, start[, end]]) 尋找字串 S 出現第一個子字串 sub 的索引,若找不到,回傳 -1。可指定尋找的範圍,從索引 start 到 end,但不含 end 功能和 index() 相同,但搜尋不到時,index() 會回傳錯誤訊息,不是 -1。若不確定子字串是否在原字串中,且不希望執行時發生錯誤,可使用 find() print('Hello'.find('l'))　　　　# 尋找 Hello 第一個 l 的索引,輸出 2 print('Hello'.find('l', 4, 6))　　# 尋找 Hello 索引 4,5 第一個 l 的索引,輸出 -1
rfind 右尋找	S.rfind(sub[, start[, end]]) 由右(right)尋找字串 S 出現第一個子字串 sub 的索引,若找不到,回傳 -1 print('Hello'.rfind('l'))　　　　　　　　　　# 輸出索引 3
index 索引	S.index(sub[, start[, end]]) 功能和 find() 相同,若搜尋不到,會回傳錯誤訊息,不是 -1

rindex 右索引	S.rindex(sub[, start[, end]]) 功能和 rfind() 相同，若搜尋不到，會回傳錯誤訊息，不是 -1	
count 計數	S.count(sub[, start[, end]]) 計算字串 S 出現子字串 sub 的次數。可指定計算的範圍，從索引 start 到 end，但不含 end print('Hello python'.count('o'))　　　　　　　　　　# 輸出 2	
replace 取代	S.replace(old, new[, count]) 將字串 S 的子字串 old 用字串 new 取代。預設每個 old 都被取代，若設定 count，則只取代前 count 個 print('Hello python'.replace('o','o,', 1))　　　　　　#輸出 Hello, python	
startswith 開頭	S.startswith(S1[, start[, end]]) 檢查字串 S 是否以 S1 開頭，若是，回傳 True，否則回傳 False print('Hello'.startswith('He'))　　　　　　　　　　#輸出 True	
endwith 結尾	S.endswith(S1[, start[, end]]) 檢查字串 S 是否以 S1 結尾，若是，回傳 True，否則回傳 False print('python'.endswith('on'))　　　　　　　　　　# 輸出 True	
max 最大	max(S) 回傳字串 S 中，編碼最大的字母 print(max('Hello'))　　　　　　　　　　　　　　# 輸出 o	
min 最小	min(S) 回傳字串 S 中，編碼最小的字母 print(min('Hello'))　　　　　　　　　　　　　　# 輸出 H	

2. 分開與連接

split 分開	S.split(sep[, maxsplit]) 將字串 S 使用 sep 分開 maxsplit 次，會回傳一個串列。省略參數 sep 時，會用空白分割 print('a,b,,c,'.split(','))　　　　　　　# 輸出 ['a', 'b', '', 'c', ''] print('a,b,c'.split(',', 1))　　　　　　　#1 是分開 1 次，輸出 ['a', 'b,c']
rsplit 右分開	S.rsplit(sep[,maxsplit]) 由右向左將字串 S 使用 sep 分開 maxsplit 次，會回傳一個串列 print('1,2,3'.rsplit(',', 1))　　　　　　　# 輸出 ['1,2', '3']
join 連接	str.join(可迭代物件) 使用連接字串 str，將串列等可迭代物件的全部元素連接成一個字串 pet = ['dog', 'cat', 'pig'] print('_'.join(pet))　　　　　　　　　　# 輸出 dog_cat_pig
strip 去除	S.strip([chars]) 去除字串 S 頭尾的 chars 字元。若省略 chars，會去除頭尾的空白 print(' Hello'.strip())　　　　# 輸出 'Hello' print('88edu.tw123'.strip('0123456789'))　　# 去除頭尾的數字，輸出 edu.tw

lstrip 左去除	S.lstrip([chars]) 去除字串 S 開頭的 chars 字元。若省略 chars，會去除開頭的空白 print('www.edu.tw'.lstrip('wtd.'))　　　　# 去除左邊字母 wtd.，輸出 edu.tw
rstrip 右去除	S.rstrip([chars]) 去除字串 S 結尾的 chars 字元。若省略 chars，會去除結尾的空白 print('www.edu.tw'.rstrip('wtd.'))　　　　# 去除右邊字母 wtd.，輸出 'www.edu'

3. 大小寫

upper 大寫	S.upper() 將字串 S 全部字母改為大寫 print('hello'.upper())　　　　# 輸出 HELLO
lower 小寫	S.lower() 將字串 S 全部字母改為小寫 print('Hello'.lower())　　　　# 輸出 hello

4. 判斷是否是

isupper 是大寫	S.isupper() 判斷字串 S 是否全由大寫字母組成，若是，回傳 True，否則回傳 False。非字母的字元不影響判斷結果。 print('Hi'.isupper())　　　　# 輸出 False
islower 是小寫	S.islower() 判斷字串 S 是否全由小寫字母組成，若是，回傳 True，否則回傳 False。非字母的字元不影響判斷結果。 print('hi123'.islower())　　　　# 輸出 True
isalpha 是字母	S.isalpha() 字串 S 只由字母 A～Z 或 a～z 組成時，回傳 True，否則回傳 False。 print('Hello!'.isalpha())　　　　# 輸出 False
isdigit 是數字	S.isdigit() 字串 S 只由數字 0～9 組成時，回傳 True，否則回傳 False。 print('12345'.isalpha())　　　　# 輸出 True
isalnum 是字母或數字	S.isalnum() 字串 S 只由字母或數字組成時，回傳 True，否則回傳 False。 print('As01'.isalnum())　　　　# 輸出 True

注意，字串沒有 S.reverse() 這個函式，字串的反轉要使用切片 S[::-1]。

5.3.3 函式的應用

以下列舉幾個例子，說明如何使用字串的函式來解決問題。

例題 1

輸入一個英文句子，計算並輸出共有多少個字。

解法：

字與字間以空白隔開，所以「字數 = 空格數 + 1」，只要計算出空格數，就可以知道有多少個字，計算空格數可使用 count() 函式。

```
n = input().count(' ')
print(n + 1)
```

以上程式碼可以合併成一行

```
print(input().count(' ') + 1)
```

例題 2

輸入 1 個字串和 1 個字元，刪除字串中所有給定的字元。例如：輸入 hello 和 l，輸出 heo。

解法：

```
s = input()
c = input()
print(s.replace(c,''))          #將輸入的字元使用空字串 '' 取代
```

例題 3

輸入 2 個用空白隔開的字串，將 2 字串交換後輸出。例如：輸入 ab cd，輸出 cd ab。

解法：

尋找（find）字串中空格的索引，再使用切片，將字串切成兩部分，將後半部與前半部串接起來後輸出。

```
p = input().find(' ')
print(s[p + 1:] + ' ' + s[:p])
```

例題 4

輸入一個字串，輸出字串中第 2 個字母 f 的索引，果找不到，輸出 -1。例如：輸入 fifth，輸出 2。輸入 python，輸出 -1。

解法：

先找出（find）第 1 個 f 的索引，再使用此索引 + 1，作為尋找第 2 個 f 的開始索引。

```
s = input()
first = s.find('f')
second = s.find('f', first + 1)
print(second)
```

以上程式碼可以合併如下：

```
s = input()
print(s.find('f', s.find('f') + 1))
```

例題 5

輸入一個至少有 2 個字母 h 的字串，將第一個和最後一個 h 中間的子字串反轉後輸出。例如：輸入 hothouse，輸出 htohouse。

解法：

```
s = input()
a, b = s.find('h'), s.rfind('h')
```

```
s = s[:a + 1] + s[a + 1:b][::-1] + s[b:]
print(s)
```

例題 6

輸入一個字串，若字串包含 1，將所有 1 用 one 取代，否則輸出原字串。例如：輸入 ab1c，輸出 ab<u>one</u>c。

解法：

```
s = input()
print(s) if s.find('1')== -1 else print(s.replace('1', 'one'))
```

例題 7

輸入一個字串，計算字串中數字字元的總和。例如：輸入 12ab34c，取出字串中的數字相加，1 + 2 + 3 + 4，輸出 10。

解法：

逐一取出字串的每個字元，如果是數字，將其轉成整數後累加，最後再輸出累加的值。

```
s = input()
total = 0
for i in s:
    if i.isdigit():
        total = total + int(i)
print(total)
```

範例 5.3-1　判斷迴文（palindrome）

迴文是指一串文字，從左到右和從右到左讀取的結果相同，大小寫視為相同。例如：Level 就是迴文。寫一程式，判斷輸入的字串是否是迴文。

輸入：1 個由英文字母組成的字串。

輸出：是迴文輸出 Yes，不是迴文輸出 No。

範例一：輸入	範例二：輸入
ATOYOTA	0wo
範例一：正確輸出	範例二：正確輸出
Yes	No

解題方法

1. 根據迴文的定義，要檢查某字串是否是迴文，可先將字串反轉，若反轉後的字串和原字串相等，此字串便是迴文。

2. 由於大小寫視為相同，輸入的字串必須全部轉成大寫或小寫後，才能互相比較。

   轉成小寫的方法是 lower()，大寫是 upper()，這裡採用轉成小寫。

3. 字串的反轉可使用切片 s[::-1]。

4. 解題演算法可設計如下：

   輸入字串，並將所有字元轉成小寫後，指定給 s

   輸出 Yes 如果字串 s == 反轉後的字串 s[::-1]，否則輸出 No

程式設計

```
s = input().lower()    #讀取輸入，並將字串的字元轉為小寫
                       #若字串s等於s的反轉s[::-1]，輸出Yes，否則輸出No
print('Yes') if s == s[::-1] else print('No')
```

執行結果

Dontnod	WasitIsaw
Yes	No

5-37

範例 5.3-2　搜尋文字的所有位置

寫一程式，輸入一個英文句子及要搜尋的字，輸出句子中出現此字的所有索引，若搜尋不到，則輸出「搜尋不到」。搜尋不區分大小寫，句子的句尾有句號 .。

輸入：共 2 行，第 1 行是一個英文句子，第 2 行是要搜尋的字。

輸出：一串用一個空格隔開的整數，代表搜尋到的索引，若搜尋不到，輸出「搜尋不到」。

範例一：輸入	範例二：輸入
This is a book.	The black cat climbed the green tree.
cat	THE
範例一：正確輸出	範例二：正確輸出
-1	0 22

解題方法

1. 要搜尋句子中某個字的所有索引，可使用無窮迴圈，用 find() 函式反覆搜尋，直到搜尋不到，find() 回傳 -1，才跳離迴圈。

2. 每次搜尋到字的索引後，將搜尋到的索引 +1，作為繼續搜尋的開始索引。

3. 搜尋不區分大小寫，所以將句子及搜尋的字使用 lower() 轉為小寫。

    句子轉小寫可以寫成 s = input().lower()

    句子結束有句點 .，使用 rstrip('.') 去除。

    轉小寫後的句子 s 去除句點 .，可以寫成 s = input().lower().rstrip('.')

    搜尋的字轉成小寫可以寫成 r = input().lower()

4. 從索引 0 開始尋找，所以 find() 的開始索引 start 起始值設為 0。

5. 若句子 s 從 start 位置開始搜尋，find() 函式的回傳值是 loc，也就是 loc = s.find(r, start)，先判斷 loc 是否 == -1。

字串 ◂◂ Chapter 05

6. 如果 loc == -1，表示搜尋不到，跳離迴圈；

    否則輸出索引 loc，並將 start 設為 loc + 1，作為接下來 find() 繼續往下搜尋的開始位置。

7. 無窮迴圈外還要判斷 start 是否 == 0，如果是，表示沒搜尋到任一個字 r，要輸出「搜尋不到」。

8. 解題演算法可設計如下：

    讀取輸入的句子，轉成小寫，去除句尾的句點 .，指定給字串 s

    輸入要搜尋的字，轉成小寫，指定給字串 r

    開始搜尋的索引 start 起始值設為 0

    while True:

    　　在字串 s 中搜尋字串 r 的回傳值設為 loc

    　　如果 loc 是 -1

    　　　　跳離迴圈

    　　輸出搜尋到的索引 loc

    　　下一次搜尋的開始索引 start 設為 loc + 1

    如果 start == 0

    　　輸出搜尋不到

程式設計

```
1  s = input().lower().rstrip('.')    #將句子轉為小寫，並去掉句尾的句點
2  r = input().lower()                #將要搜尋的文字轉為小寫
3  start = 0                          #設定find()搜尋開始的索引start為0
4  while True:                        #無窮迴圈
5      loc = s.find(r, start)         #將搜尋回傳的索引設為loc
6      if loc == -1:                  #如果回傳-1
```

5-39

```
 7              break                              #跳離迴圈,不再繼續搜尋
 8          print(loc, end=' ')                    #輸出搜尋到的索引loc
 9          start = loc + 1                        #下一次搜尋的開始索引設為loc+1
10  if start == 0:                                 #若搜尋的開始位置在0,表示全部搜尋不到
11      print('搜尋不到')
```

執行結果

```
The quick brown fox jumps
over the lazy dog.
cat


搜尋不到
```

```
Jingle bells, jingle bells,
jingle all the way.
Jingle


0 14 28
```

5.4 APCS實作題

範例 5.4-1　字串壓縮（201802 APCS 第 2題）

字串壓縮的方法之一,是用重複次數來編碼,例如:ABB 可用 1A2B 來表示,1A2B 稱為壓縮字串,ABB 稱為解壓縮字串。壓縮字串會以一連串數字與文字交錯的形式出現。

寫一程式,將輸入的壓縮字串轉換為解壓縮字串,例如:將 2ABC3XY 解壓縮成 ABCABCXYXYXY。

輸入:一個字串,此字串由數字與大寫英文字母組成,沒有其他字元。

輸出:解壓縮後的字串。

範例一:輸入

5A

範例一:正確輸出

AAAAA

範例二:輸入

1AB2CDE3FGH4I

範例二:正確輸出

ABCDECDEFGHFGHFGHIIII

解題方法

1. 本題的解題方法，可遍歷壓縮字串，反覆將其分割成數字與字母的子字串，再使用串接 + 及重複 * 運算子，將數字與字母組合起來，成為解壓縮後的字串。例如：

   1A2B → 分割出 1 和 A，1 * A 得 A

   　　　→ 分割出 2 和 B，2 * B 得 BB

   　　　→ A + BB 得 ABB

2. 要遍歷字串 s，可使用變數 i 做為動態索引，當 i < len(s)，反覆執行迴圈。

3. 每次迴圈分割出來的數字字串 d 和字母的字串 t，初始值都要設為 ''。

4. 當 s[i] 是數字（isdigit()），將 s[i] 加到數字的字串 d，當 s[i] 是字母（isalpha()），將 s[i] 加到字串 t。最後再輸出字母字串 t 重複 d 次，即 int(d) * t

5. 解題演算法可設計如下：

   輸入一個壓縮字串 s

   動態索引 i 的初始值設為 0

   當 i < 字串 s 的長度

   　　數字字串 d 及字母 t 的初始值設為 ''

   　　當字元 s[i] 是數字

   　　　　將 s[i] 串接到數字字串 d

   　　　　i 加 1

   　　當 i < len(s) 且 s[i] 是字母

   　　　　將 s[i] 串接到字母字串 t

   　　　　i 加 1

   　　輸出字母字串 t 重複 d 次

5-41

6. 注意,反覆判斷 s[i] 是否是字母時,如果 s[i] 是 s 的最後一個字元時,迴圈內的 i 加 1 會使 i 超過索引範圍,造成錯誤,所以需在前面的條件式加上 i < len(s),此條件不成立時,立即結束迴圈,這樣就不會判斷後面 s[i] 是否是字母,不會造成錯誤。

程式設計

```
1  s = input()
2  i = 0                           #使用索引i,遍歷整個字串
3  while i < len(s):
4      d = t = ''                  #每次切出來的數字為d,字串為t
5      while s[i].isdigit():       #切出數字的字串
6          d = d + s[i]
7          i = i + 1
8      while i < len(s) and s[i].isalpha():#切出字母的字串
9          t = t + s[i]
10         i = i + 1
11     print(int(d) * t, end='')
```

執行結果

```
3Z

ZZZ
```

```
1APPLE12FB

APPLEFBFBFBFBFBFBFBFBFBFB
```

學習挑戰

一、選擇題

1. 下列何者是換行的意思？
   （A）'\n'　　（B）'\l'　　（C）'\\'　　（D）'\t'

2. 下列哪一個字串會造成語法錯誤？
   （A）' "Once upon a time...", she said.'　（B）"He said,'Yes!' "
   （C）'3\'　　　　　　　　　　　　　　（D）" 'That's okay' "

3. 執行以下程式，輸出為何？
   ```
   text = """Hello
   World"""
   print(len(text))
   ```
   （A）10　　　　　　　　　　（B）11
   （C）12　　　　　　　　　　（D）13

4. print(chr(ord('b') + 3)) 輸出為何？
   （A）a　　　　　　　　　　（B）b
   （C）e　　　　　　　　　　（D）B

5. s = 'Hello'，s[1] + s[-1] 的結果為何？
   （A）Ho　　　　　　　　　　（B）eo
   （C）Hl　　　　　　　　　　（D）H

6. 執行以下程式，結果為何？
   ```
   s = 'snow world'
   s[3] = 's'
   print(s)
   ```
   （A）snow　　　　　　　　　（B）snow world
   （C）snos world　　　　　　（D）顯示錯誤訊息

7. print(f'{{a}} + {{b}}') 輸出結果為何？

    （A）{a} + {b}
    （B）a + b
    （C）{a + b}
    （D）{{a}} + {{b}}

8. 執行下列程式，結果為何？

    ```
    x, y = 0, '1'
    f'{str(x) * 1}{int(y) - 1}{x + 1}{y * 2}'
    ```

    （A）'100112'
    （B）'00111'
    （C）'000111'
    （D）執行錯誤

9. 執行下列程式，c 值為何？

    ```
    a, b = '1', '2'
    c = 2 * a + b
    ```

    （A）6
    （B）4
    （C）13
    （D）112

10. 若 s = 'Python'，s[:-2:2] 之值為何？

    （A）Pt
    （B）otP
    （C）ytho
    （D）yh

11. 若 s = 'Merry Christmas'，要取出 s 最後 5 個字元，可使用下列哪一個敘述？

    （A）s[::-5]
    （B）s[-5:]
    （C）s[:-5:]
    （D）s[:-5]

12. 若 s = '0123456789'，print(s[1:3] + s[5:7:-1] + s[9:])，輸出為何？

    （A）129
    （B）12569
    （C）21
    （D）1279

13. 若要檢查字串 s1 是否包含另一個字串 s2，可以使用下列哪一個指令？

    （A）s1.__contains__(s2)
    （B）s2 in s1
    （C）s1.contains(s2)
    （D）si.in(s2)

14. 執行以下程式，輸出為何？

    ```
    for i in 'my name is x':
        print(i, end = ',')
    ```

    （A）m,y,,n,a,m,e,,i,s,,x,　　　　（B）m,y, ,n,a,m,e, ,i,s, ,x,

    （C）my, name, is, x,　　　　　　（D）my, name, is, x

15. 執行 max('what are you')，結果為何？

    （A）w　　　　　　　　　　　　（B）u

    （C）y　　　　　　　　　　　　（D）you

16. 執行 'Py' in 'Python'，會回傳何值？

    （A）Yes　　　　　　　　　　　（B）1

    （C）True　　　　　　　　　　　（D）False

二、應用題

1. 若有字串 s1, s2, s3，寫出下列問題對應的指令：

    （1）連接 s1 和 s2 後，指定給 s1

    （2）計算 s3 的長度

    （3）在字串 s1 的第 3 個位置後，插入字串 s2

    （4）刪除 s3 字串第 3 個以後的 4 個字元

    （5）提取字串 s1 第 2 個以後的 4 個字元

2. 寫一程式，讓使用者輸入一個 email 後，輸出使用者名稱。例如：

    輸入：john159@example.edu.tw，輸出：john159

3. 寫一程式，輸入一串不含空格的文字後，在每個大寫字母前插入一個空格。例如：

    輸入：PythonExercisesPracticeSolution

    輸出：Python Exercises Practice Solution

4. 寫一程式，輸入一個字串後，除第一個字元外，將之後所有出現的第一個字元都改為 $。例如：

   輸入：hellopython，輸出：hellopyt$on

5. 寫一程式，檢查一個字串是否以指定的字元開頭。例如：

   輸入：w3example.edu 和 w3e，輸出：True

6. 寫一程式，檢查某個字串刪除幾個字元後，是否會符合另一個字串，若會，輸出 True，否則輸出 False。例如：

   輸入：YZ 和 XXYXZ，輸出：True

   因為第二個字串 XXYXZ 去掉字元 X 後，會等於第一個字串 YZ，所以輸出 True。

06

串列

本章學習重點

- 串列的基本概念
- 串列的操作
- 串列的方法或函式
- APCS 實作題

本章學習範例

- 範例 6.2-1 找出偶數的最大數與最小數
- 範例 6.2-2 最大數索引
- 範例 6.2-3 找出第二大數與第二小數
- 範例 6.2-4 質因數分解
- 範例 6.3-1 計算總分與平均
- 範例 6.3-2 記錄問題
- 範例 6.3-3 同號的相鄰元素
- 範例 6.3-4 保齡球遊戲
- 範例 6.3-5 十進位轉二進位（a034）
- 範例 6.4-1 秘密差（201703 APCS 第 1 題）
- 範例 6.4-2 修補圍籬（202111 APCS 第 1 題）

6.1 串列的基本概念

6.1.1 認識串列

設計程式處理大量資料時，使用變數處理會很不方便。例如：計算 1,000 種商品的銷售總量，若用 1,000 個變數 s1, s2, s3, ..., s1000 來存放個別商品的銷售量，由以下程式片段可以發現，寫出來的程式，不但很冗長，也會很難維護，例如：要再增加 20 種商品時，就要修改大量程式碼，所以程式並不適合這樣撰寫。

```
s1 = 90
s2 = 80
s3 = 70
......
......
s1000 = 30
total = s1 + s2 + s3 + .................. + s1000
```

使用大量變數，資料的新增、查詢、修改、排序都會很不方便，所以需另一種資料結構，將大量變數組織起來，方便處理。

如下圖，可使用一個變數 s，來替代這些變數，並用 [] 存取 s 內的值，將變數 s1 存在 s[0]，s2 存在 s[1]，s3 存在 s[2]，也就是用 s[i - 1] 存放第 i 種商品的銷量，其中 i = 1, 2, 3… 1000，這就是串列（list）的基本概念（圖 6-1）。

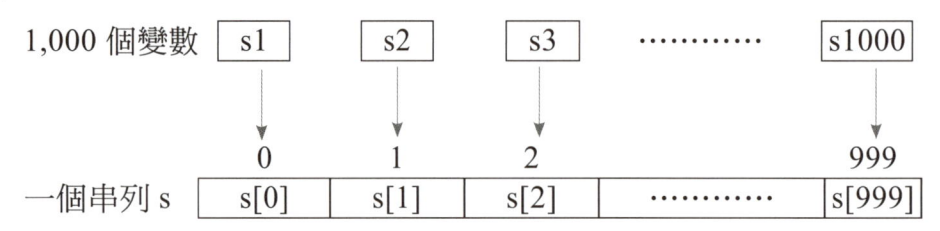

圖 6-1 串列可用來替代大量變數

上例的 1,000 個變數 s1, s2, s3 ……可改用 1 個串列 s 表示如下：

```
s = [90, 80, 70, ..........., 30]
```

使用串列資料結構存放資料，透過 [ ] 內的整數，可以快速存取任一個變數，例如：要將第 50 個變數設為 100，只要使用 s[49] = 100 即可。

串列是很重要的資料結構，程式設計都會用到。Python 使用中括號 [ ] 來表示串列，串列內的每個資料稱為元素（element），若有多個元素，元素間用逗號 , 分隔。例如：有 5 個元素的串列 s 可表示為：

```
s = [80, 70, 90, 60, 50]        #串列名稱[元素1,元素2, ……]
```

我們可以把串列當成是一個容器，它儲存資料的方式就像櫃子一樣，一格一格地放東西。每一格會依序編上號碼，透過此號碼，就可以存取櫃子內的物品，這個號碼就是索引（index）。

下圖是串列 s 的示意圖（圖 6-2），使用時，需注意以下幾點：

索引	-5	-4	-3	-2	-1
	0	1	2	3	4
串列 s	80	70	90	60	50

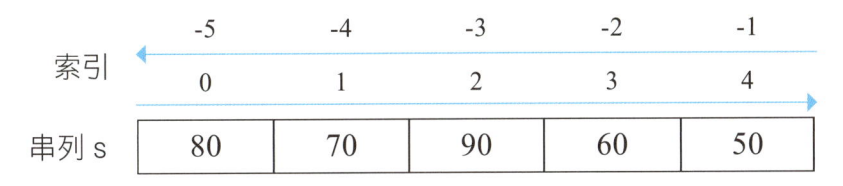

圖 6-2 串列的示意圖

1. s 是串列名稱。

2. 索引是 0 ~ 4，不是 1 ~ 5。索引也可以是負的，-1 ~ -5。

3. 串列 s 有 s[0], s[1], s[2], s[3], s[4] 共 5 個元素，其中

    s[0] = s[-5] = 80, s[1] = s[-4] = 70, s[2] = s[-3] = 90,

    s[3] = s[-2] = 60, s[4] = s[-1] = 50。

4. 第一個元素是 s[0]，不是 s[1]，最後一個是 s[4]，不是 s[5]，第 i 個是 s[i - 1]。

    最後一個元素是 s[-1]，倒數第 2 個是 s[-2]，依此類推。

5. 存取超過串列大小的位置，如 s[5]，執行時，會出現索引超出範圍（index out of range）的錯誤訊息。

6.1.2 串列的特性

在 Python 中，串列是可以存放各種變數的資料結構，且使用索引，就可以快速存取串列的元素。它的特性如下：

1. 串列元素可以是任意型態的資料，元素的資料型態可以不同。

```
a = []                              #空串列
b = [1, 2, 3, 4, 5]                 #元素的型態相同，都是整數
c = [1, 1.0, 'Py', [True, 3]]       #元素的型態不同，串列內還可以有串列
```

2. 串列元素是可變的，例如：增加、修改或刪除等。

```
s = [80, 70, 90, 60, 50]
s[1] = 75                           #修改串列s第2個元素，s=[80,75,90,60,50]
```

3. 串列元素是有序的，可使用與順序相關的方法來存取，如索引等。

例如：b = [1, 2, 3, 4, 5]，使用索引 -1，可查詢到元素 b[-1] 是 5。

小試身手

1. 若串列 a = [1, 2, 3, 4, [5, 6], '7']，下列值為何？

  (1) a[4]   (2) a[-1]

  (3) a[-5]   (4) a[3] + a[-3]

  (5) a[-a[-5]]   (6) 若 a[-2] = 3，a[4]

2. 執行以下程式後，串列 s 的值為何？

```
s = [1, 2, 3, 4, 5]
s[1] = ['x']
s[3] = 3.0
s[-5] = 'y'
```

6.2 串列的操作

6.2.1 輸入與輸出串列

1. 輸入串列

串列元素可以同時指定給多個不同的變數,但變數與元素的個數要相同。

```
x, y, z = [1, 2, 3]                    #等同x=1、y=2、z=3
```

撰寫程式時,常需要將輸入的資料讀到串列,2.4 節曾介紹過,以下敘述可將輸入用空白隔開的數字,指定給不同的整數變數。

```
x, y, z = map(int,input().split())     #將輸入的數字指定給變數
```

map(int, input().split()) 會將輸入的資料都轉成整數,再使用 list() 函式,就可以將其轉成整數串列。

要將用空白隔開的輸入資料,讀到整數串列,可用以下敘述。例如:輸入 1 2 3,讀到串列 a = [1, 2, 3]。此指令說明如下(圖 6-3):

```
a = list(map(int, input().split()))    #將輸入的數字指定給串列
```

input( ) → split( ) → map(int, ...) → list()
字串　　　字串串列　　整數物件　　　整數串列

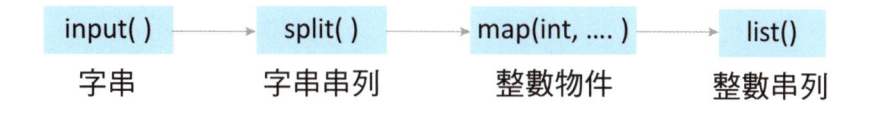

圖 6-3 輸入資料型態轉換的函式

指令	功能	回傳值
input()	將輸入的一整行資料用一個字串回傳	'1 2 3'
input().split()	將輸入的字串用空白分割,存放到字串串列中	['1', '2', '3']
map(int, input().split())	將輸入之字串串列的每個元素用 int() 轉成整數	物件的位址
list(map(int, input().split()))	map() 會回傳物件的位址,需使用 list() 將其轉成整數串列	[1, 2, 3]

因此使用以下指令，可將輸入的字串 '1 2 3' 轉成整數串列 [1, 2, 3]。

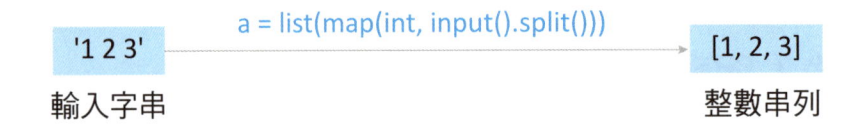

'1 2 3' → a = list(map(int, input().split())) → [1, 2, 3]
輸入字串　　　　　　　　　　　　　　　　　　　　整數串列

2. 輸出串列

    (1) 輸出整個串列

```
print(串列名稱)
```

    (2) 輸出串列全部元素

```
print(*串列名稱)
```

「* 串列名稱」的 * 是將串列解開，逐一取出其元素。

    (3) 使用分隔符號

    輸出串列元素時，若要使用空白以外的分隔符號，可在 ( ) 內加上 sep = 分隔字串。

```
a = [0, 1, 2, 3, 4]
print(a)                    #輸出[0, 1, 2, 3, 4]
print(*a)                   #輸出0 1 2 3 4
print(*a, sep = ',')        #輸出0,1,2,3,4
```

6.2.2 運算符號

串列常用的運算符號包括：串接 +、重複 *、成員（在 in、不在 not in）

+	將串列的元素串接起來
*	重複串列元素
in	在，檢查是否是成員
not in	不在，檢查是否不是成員

1. 串接 +

```
m, n = [1, 2, 3], [0, 1, 2]
a = m + n                    #串接串列m和n的元素,a=[1,2,3,0,1,2]
```

2. 重複 *

```
a = [0, 1, 2]
print(a * 2)                 #串列a的元素重複2次 [0,1,2,0,1,2]
```

　* 可用於生成一個新的串列,例如:生成 4 個元素都為 0 的串列 b

```
b = [0] * 4                  #生成一個串列b=[0,0,0,0]
```

Python 的星號 * 有許多用途,例如:

① * :乘　　　　　　　　　② ** :次方

③ * 串列:解開　　　　　　④ 串列 * :重複

3. 成員(在 in、不在 not in)

常用來判斷是否在串列,意即判斷是否是串列的成員。

```
f = [2, 3, 5, 7, 11]
print(8 in f)                #「8在f裡」,否,輸出False
print(5 not in f)            #「5不在f裡」,否,輸出False
```

若要判斷 i 是否是 2, 3, 5, 7 其中一數,寫成左下敘述,會比右下簡潔。

```
if i in [2, 3, 5, 7]:        if i == 2 or i == 3 or i == 5 or i == 7:
    ……                           ……
```

6.2.3 建新查改刪

　　包含串列的建立、新增、查詢、修改、刪除。為方便說明,以下以 L 表示任一串列,e 表示串列的元素,i 表示串列的索引。

1. 建立：建立一個新串列，可使用 [] 或 list()。

   中括號 [ ] 內放資料，list() 內放可迭代物件，如字串、range() 等。

   (1) 使用 [ ]

   將所要建立的資料放在 [ ] 內。

   ```
   a = []                    #建立一個空串列a
   b = [1, 'py', True]       #建立一個串列b
   ```

   (2) 轉成串列 list(可迭代物件)

   list() 會將可迭代物件，依序一一取出元素，轉成串列。

   ```
   a = list()                #建立一個空串列a
   b = list('dog')           #將'dog'轉成串列，b=['d','o','g']
   ```

2. 新增：新增元素 L.append(e 或 L1)、L.insert(i, e)。

   (1) 附加 append：在串列尾端附加一個元素或一個串列。

   ```
   c = [0, 1, 2]
   c.append(3.0)             #在串列c尾端附加元素3.0，c=[0,1,2,3.0]
   c.append([4])             #在串列c尾端附加串列[4]，c=[0,1,2,3.0,[4]]
   ```

   (2) 插入 insert：在指定的索引位置，插入元素。

   ```
   d = [0, 1, 2]
   d.insert(2, 't')          #在串列d索引2插入't'，d=[0,1,'t',2]
   d.insert(3, [3])          #在串列d索引3插入[3]，d=[0,1,'t',[3],2]
   ```

3. 查詢：使用索引查詢單個元素，或使用切片查詢多個元素。

   (1) 索引（單個）L.index(e)

   使用索引 index() 查詢單個元素，若查詢不到，會顯示錯誤訊息。注意，字串有 find() 函式可供查詢，但串列沒有內建 find() 函式。

```
d = ['r', 's', 't']
d.index('s')                    #'s'在索引1,所以回傳1
```

(2) 切片(多個)

跟字串的切片類似,串列切片可獲取多個元素,產生一個新串列。切片的方法可參考第 5.2 節。以下例子,大家可以練習一下。

若 a = [0, 1, 2, 3, 4],寫出以下切片的結果。

a[::-1]		a[3:]		a[2::-1]	
a[1:3]		a[:3]		a[:3:-2]	
a[-2:0]		a[-2:]		a[-2::-1]	

4. 修改:使用索引修改單個元素,或使用切片修改多個元素。

(1) 修改單個元素時,可將右側的資料,指定給左側的元素。

```
a = [1, 2, 3]
a[-1] = 't'                     #修改倒數第一個元素,a=[1,2,'t']
```

(2) 修改多個元素時,可使用「切片 = 串列」,將右側串列的元素指定給左側切片的元素。

```
a, b, c = [1, 2, 3], [1, 2, 3], [1, 2, 3]
a[:2] = [9, 8, 7]               #修改串列a前2個元素,a=[9,8,7,3]
b[:2] = []                      #刪除串列b前2個元素,b=[3]
```

5. 刪除:可依元素或索引刪除 L.pop(i)

刪除最後一個元素,或依索引刪除:L.pop(i),省略索引 i,會刪除並回傳最後一個元素。

```
a = [1, 2, 3]
a.pop()                         #刪除並回傳最後一個元素3,a=[1,2]
x = a.pop(0)                    #刪除並回傳索引0的元素1,x=1,a=[2]
```

依索引或切片刪除：del 元素、del 切片、del 串列

del 不是串列的方法，也無回傳值，它是 Python 提供的一個通用刪除方法，可用來刪除任何物件，包括變數、串列等。

```
a = [1, 2, 3, 4]
del a[-1]              #刪除串列a最後一個元素4，a=[1,2,3]
del a[:2]              #刪除串列a的切片(前2個元素)，a=[3]
del a                  #刪除整個串列a，不能寫成a.del()
```

串列的「建新查改刪」常用方法或函式整理如下：

1	L.append(e 或 L1)	在串列 L 的尾端附加元素 e 或串列 L1
2	L.insert(i, e)	在串列 L 的索引 i 插入元素 e
3	L.index(e)	查詢串列 L 中元素 e 的索引
4	L.pop()	刪除串列 L 的最後一個元素
5	L.pop(i)	刪除串列 L 索引 i 的元素
6	del 元素或切片	刪除串列的元素或切片

6.2.4 串列的遍歷

串列的遍歷是串列操作中最常用的，跟字串的遍歷類似，串列的遍歷可使用元素或索引遍歷。

1. 使用元素遍歷（for 變數 in 串列）

```
a = [6, 7, 8, 9]
for i in a:
    print(i, end='')            #輸出6 7 8 9
```

2. 使用索引遍歷（for 變數 in range(串列長度)）

```
a = [6, 7, 8, 9]
for i in range(len(a)):         #len(a)=4，所以i=0,1,2,3
    print(a[i], end=' ')        #輸出a[0] a[1] a[2] a[3]，即6 7 8 9
```

使用串列後,要計算 5 件商品的銷售總量,便可使用迴圈來處理,如以下程式。若商品擴充到 1,000 件時,只需修改串列 s 的元素即可。

```
s = [80, 70, 90, 60, 50]
total = 0                              #銷售總量total初始值為0
for i in s:                            #從串列s中逐一取出元素i
    total = total + i                  #將i累加到銷售總量total中
print('總和', total)
```

範例 6.2-1　找出偶數的最大數與最小數

寫一程式,輸入一串數字,找出偶數的最大數與最小數,如果數字中不存在偶數,輸出 None。

輸入:一串用空白隔開的整數。

輸出:2 行,分別代表偶數的最大數與最小數,若無,輸出 None。

範例一:輸入	範例一:正確輸出
95 35 30 80 90 99 40 11 32	90
	30

解題方法

1. 可將輸入用空白隔開的數字,讀到一個整數串列,再使用串列遍歷,找出串列中偶數的最大數與最小數。

2. 找出串列中偶數的最大數 ma 和最小數 mi 的方法如下:

   (1) 將最大數 ma 設為一個很小的數或**無窮小 float('-inf')**

   　　將最小數 mi 設為一個很大的數或**無窮大 float('inf')**

   (2) 使用 for 迴圈逐一拜訪每一個元素 i

   　　若元素 i 是偶數,

   　　　　若最大數 ma < 元素 i,將最大數 ma 設為 i

   　　　　若最小數 mi > 元素 i,將最小數 mi 設為 i

3. 步驟 2(1) 這樣設計的目的是

    (1) 讓條件式（最大數 ma < 元素 i、最小數 mi > 元素 i）在迴圈第一次判斷時就成立，也就是 for 迴圈一開始，就會把最大數和最小數設為第一個偶數元素。

    (2) 若 ma 或 mi 沒被改變，就表示數字中不存在偶數，據此可判斷是否要輸出 None。

4. 解題演算法可設計如下：

    將輸入用空白隔開的數字，讀到整數串列 a

    最大數 ma 設成無窮小，最小數 mi 設成無窮大

    使用 for 迴圈逐一取出串列 a 的元素 i

    　　如果元素 i 可以被 2 整除（偶數）

    　　　　如果最大數 ma < 元素 i

    　　　　　　最大數 ma = 元素 i

    　　　　如果最小數 mi > 元素 i

    　　　　　　最小數 mi = 元素 i

    輸出 None，如果最大數 ma == 無窮小，否則輸出 ma

    輸出 None，如果最小數 mi == 無窮大，否則輸出 mi

5. 解題流程圖如下：

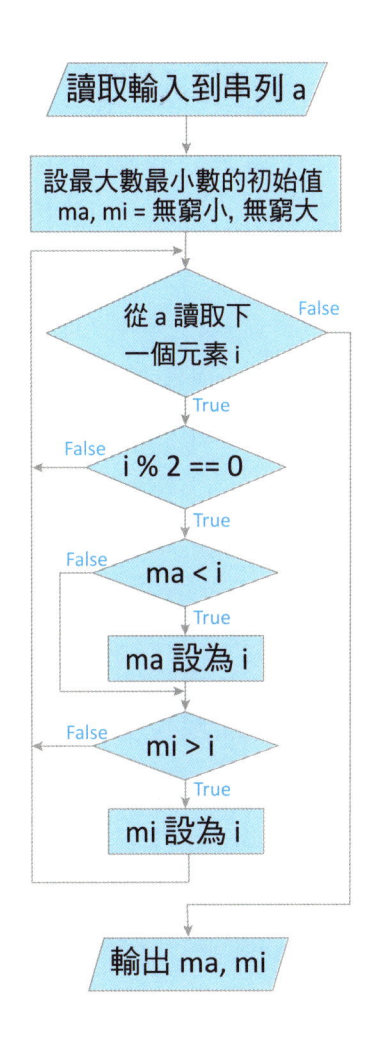

```
讀取輸入到串列 a
    ↓
設最大數最小數的初始值
ma, mi = 無窮小, 無窮大
    ↓
從 a 讀取下一個元素 i  ── False ──→
    ↓ True
i % 2 == 0  ── False ──→
    ↓ True
ma < i  ── False ──→
    ↓ True
ma 設為 i
    ↓
mi > i  ── False ──→
    ↓ True
mi 設為 i
    ↓
輸出 ma, mi
```

程式設計

```
1  a = list(map(int,input().split()))    #將輸入的數字，讀到整數串列 a
2                                        #將最大數ma設成無窮小，最小數mi設成無窮大
3  ma, mi = float('-inf'), float('inf')
4  for i in a:                           #逐一取出串列a的元素i
5      if i % 2 == 0:                    #若元素i可以被2整除
6          if ma < i:                    #若最大數ma<元素i
7              ma = i                    #最大數ma=元素i
8          if mi > i:                    #若最小數mi>元素i
```

6-13

```
 9                  mi = i                  #最小數mi=元素i
10                                          #若ma==無窮小,輸出None,否則輸出ma
11  print('None') if ma == float('-inf') else print(ma)
12                                          # 若mi== 無窮大,輸出 None,否則輸出 mi
13  print('None') if mi == float('inf') else print(mi)
```

執行結果

```
1 2 3 4 5 6               1 3 5 7 9

6                         None
2                         None
```

範例 6.2-2　最大數索引

寫一程式,輸入一串數字,找出最大數及其索引。若最大數不只一個,找出距離第 1 個數最近者。

輸入:一串用空白隔開的整數。

輸出:2 個用一個空格隔開的整數,分別代表最大數及索引。

範例一:輸入

7 8 4 9 2

範例一:正確輸出

9 3

範例二:輸入

18 1 3 5 7 9 7 5 3 18

範例二:正確輸出

18 0

解題方法

1. 此題的解題方法與範例 6.2-1 相似,差異在迴圈內的條件式(最大數 ma < 元素 i)成立時,要更新的是最大數的索引。

2. 可先設最大數的索引 mai 為 0,也就是第一個數是最大數,再使用 for 迴圈,依序將每個索引的元素值和最大數比較。

3. 解題演算法可設計如下：

    將輸入用空白隔開的數字，讀到整數串列 a

    起始的最大數索引 mai = 0

    使用 for 迴圈逐一檢查索引 i = 1 ~ len(a) 的元素

    　　如果最大數 a[mai] < 元素 a[i]

    　　　　最大數索引 mai = i

4. 解題流程圖如下：

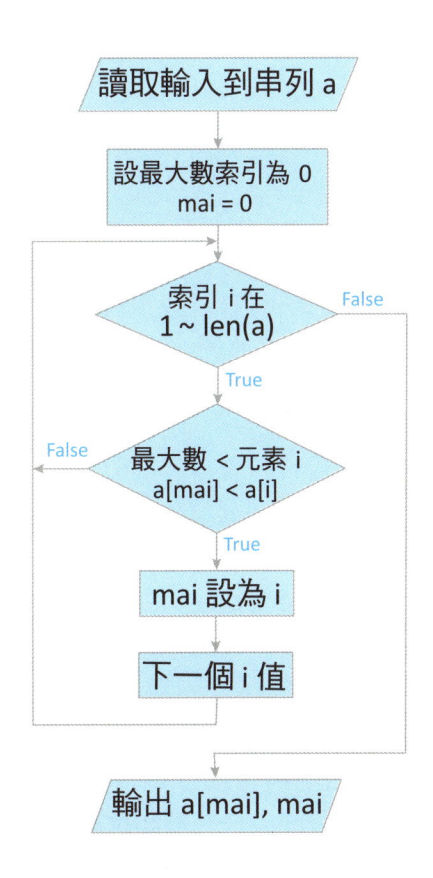

5. 以串列 a = [7, 8, 4, 9, 2] 為例,找出最大數之索引的步驟如下:

i = 0　　mai = 0　a[mai] = 7

0	1	2	3	4
7	8	4	9	2

i = 1　　因為 a[mai] < a[i]
　　　　所以 mai = 1　a[mai] = 8

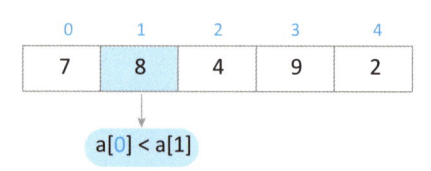

0	1	2	3	4
7	8	4	9	2

a[0] < a[1]

i = 2　　因為 a[mai] > a[i]
　　　　所以 mai = 1 (不變)

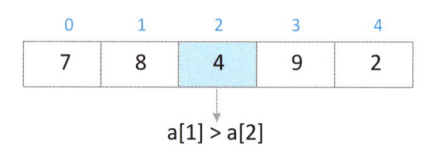

0	1	2	3	4
7	8	4	9	2

a[1] > a[2]

i = 3　　因為 a[mai] < a[i]
　　　　所以 mai = 3　a[mai] = 9

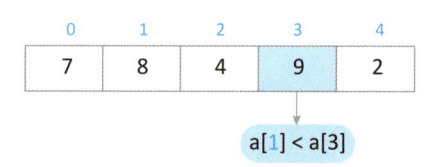

0	1	2	3	4
7	8	4	9	2

a[1] < a[3]

i = 4　　因為 a[mai] > a[i]
　　　　所以 mai = 3 (不變)

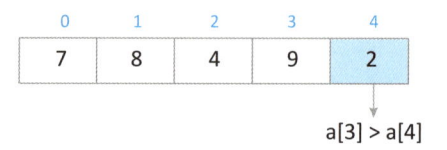

0	1	2	3	4
7	8	4	9	2

a[3] > a[4]

程式設計

```
1 a = list(map(int,input().split()))    #將輸入的數字,讀到整數串列a
2 n = len(a)                            #將n設為串列a的長度
3 mai = 0                               #最大數的索引mai設為索引0
4 for i in range(1,n):                  #執行for迴圈,i範圍從1~串列長度-1
5     if a[mai] < a[i]:                 #若最大數a[mai]<元素a[i]
6         mai = i                       #將最大數的索引mai設為i
7 print(a[mai], mai)                    #輸出最大數及其索引
```

執行結果

```
86 92 91 99 100

100 4
```

範例 6.2-3　找出第二大數與第二小數

寫一程式，輸入一串數字，找出第二大數與第二小數，若無此數，輸出 None。

輸入：一串用空白隔開的整數。

輸出：2 行，分別代表第二大數與第二小數，若無，輸出 None。

範例一：輸入	範例一：正確輸出
95 35 30 80 90 99 40 11 32	95
	30

解題方法

1. 本題的解題演算法與「範例 6.2-1 找出最大數與最小數」相似，差異在條件式的設計。以找出第二大數為例，條件式可設計如下：

    (1) 若元素 i 是最大數，原來的最大數要變成第二大數。

    (2) 若元素 i 不是最大數，需判斷它是不是第二大數。

2. 若最大數為 ma1，第二大數為 ma2，解題演算法可設計如下：

    將輸入用空白隔開的數字，讀到整數串列 a

    將最大數 ma1 及第二大數 ma2 設為一個很小的數，

    將最小數 mi1 及第二小數 mi2 設為一個很大的數

    使用 for 迴圈逐一取出串列 a 的元素 i

    　　如果最大數 ma1 < 元素 i

> 第二大數 ma2 = 最大數 ma1
>
> 最大數 ma1 = 元素 i
>
> 否則如果最大數 ma2 < 元素 i < ma1
>
> 第二大數 ma2 = 元素 i

3. 同理，找出第二小數之 for 迴圈的演算法可依此類推。
4. 解題流程圖如下：

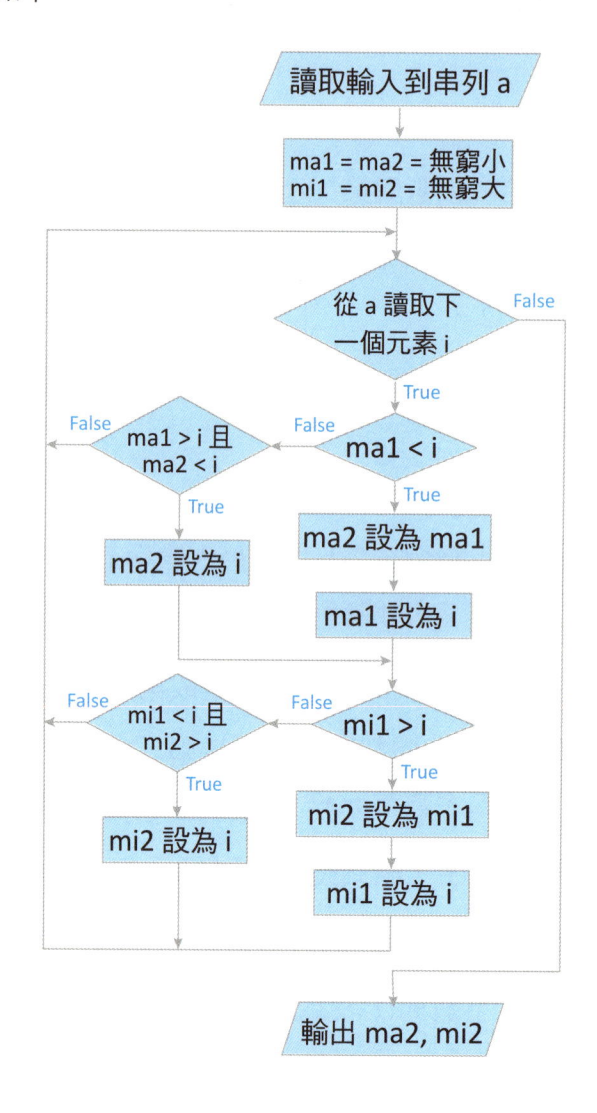

```
讀取輸入到串列 a
         ↓
ma1 = ma2 = 無窮小
mi1 = mi2 = 無窮大
         ↓
   從 a 讀取下一個元素 i  ──False──→ 輸出 ma2, mi2
         │True
         ↓
      ma1 < i ──False──→ ma1 > i 且 ma2 < i ──False──┐
         │True                    │True              │
         ↓                        ↓                  │
    ma2 設為 ma1              ma2 設為 i              │
         ↓                        │                  │
     ma1 設為 i                   │                  │
         ↓←───────────────────────┘                  │
      mi1 > i ──False──→ mi1 < i 且 mi2 > i ──False──┤
         │True                    │True              │
         ↓                        ↓                  │
    mi2 設為 mi1              mi2 設為 i              │
         ↓                        │                  │
     mi1 設為 i                   │                  │
         └────────────────────────┴──────────────────┘
```

程式設計

```
1  a = list(map(int,input().split()))     #將輸入的數字,讀到整數串列a
2  ma1 = ma2 = float('-inf')              #最大和第二大數都設成無窮小
3  mi1 = mi2 = float('inf')               #最小和第二小數都設成無窮大
4  for i in a:
5      if ma1 < i:                        #若最大數ma1<元素i
6          ma2 = ma1                      #把最大數ma1變成第二大數ma2
7          ma1 = i                        #把i設成最大數ma1
8      elif ma2 < i < ma1:                #否則若第二大數ma2<元素i<最大數ma1
9          ma2 = i                        #把第二大數ma2設為元素i
10     if mi1 > i:
11         mi2 = mi1
12         mi1 = i
13     elif mi1 < i < mi2:
14         mi2 = i
15 print('None') if ma2 == float('-inf') else print(ma2)
16 print('None') if mi2 == float('inf') else print(mi2)
```

執行結果

```
1 2 3 4 5 6              | 1 1 1 1 1
                         |
5                        | None
2                        | None
```

範例 6.2-4 質因數分解

寫一程式,輸入一個正整數,由小到大輸出此數之質因數分解的式子;若此數是質數,輸出 -1。

輸入:1 個正整數

輸出：正整數的質因數分解式子，若為質數，輸出 -1

範例一：輸入	範例二：輸入
360	3
範例一：正確輸出	範例二：正確輸出
2*2*2*3*3*5	-1

解題方法

1. 本題可使用一個串列 f 來儲存質因數，其初始值為 []。

2. 從最小的質數 2 開始，反覆將 n 除以 2，直到 n 不能被 2 整除。

    檢查下一個數 3，反覆將 n 除以 3，直到 n 不能被 3 整除。

    重複相同的過程，直到沒有數可以再檢查。

    若 n 可被 d 整除，就將 d 附加到串列 f 中，並將 n 指定為 n 除以 d 的值。

    若無法被整除，就檢查下一個數 d + 1。

    最後，如果 n > d，表示沒有數可以檢查，結束迴圈。

3. 解題演算法與流程圖可設計如下：

    輸入整數 n

    用串列 f 來存放 n 的質因數，初始值為 []

    d 從 2 開始

    當 n <= d 時，重複執行

    　　若 n 可被 d 整除

    　　　　將 d 加到串列 f

    　　　　將 n 指定為 n / d

    　　否則

    　　　　d + 1，檢查下一個數

如果 f 的長度 = 1，輸出 -1，否則輸出串列 f 的元素，元素間用 * 分隔

4. 以 n = 60 為例，f = []，d = 2

    2 <= 60，60 ％ 2 = 0，所以 f = [2]，n = 60 / 2 = 30

    2 <= 30，30 ％ 2 = 0，所以 f = [2, 2]，n = 30 / 2 = 15

    2 <= 15，15 ％ 2 != 0，d = 2 + 1 = 3

    3 <= 15，15 ％ 3 = 0，所以 f = [2, 2, 3]，n = 15 / 3 = 5

    3 <= 5，5 ％ 3 != 0，d = 3 + 1 = 4。 4 <= 5，5 ％ 4 != 0，d = 4 + 1 = 5

    5 <= 5，5 ％ 5 = 0，所以 f = [2, 2, 3, 5]，n = 5 / 5 = 1

    5 <= 1 不成立，回傳 f = [2, 2, 3, 5]

程式設計

```
1  n = int(input())
2  f = []                             #使用串列f存放質因數，其初始值為空
3  d = 2                              #從2開始檢查
4  while d <= n:                      #當d<=n時
5      if n % d == 0:                 #若可以被d整除
6          f.append(d)                #將d附加到串列f
7          n = n / d                  #將n指定為n/d
8      else:
9          d = d + 1                  #d值+1
10
11 if len(f) == 1:
12     print(-1)
13 else:
14     print(*f, sep='*', end='') # 輸出 f 的元素，元素間用 * 分隔
```

執行結果

```
1080

2*2*2*3*3*3*5
```

```
65535

3*5*17*257
```

6.3 串列的方法或函式

串列常用的函式或方法如下：

1	len(L)	回傳串列 L 的長度或大小
2	L.count(e)	回傳串列 L 中元素 e 的個數
3	L.sort()	在串列 L 中原地排序元素
4	sorted(L)	在新串列排序串列 L 的元素，回傳新串列
5	L.reverse()	在串列 L 中原地反轉元素
6	reversed(L)	在新串列反轉串列 L 的元素
7	min(L)	回傳串列 L 的最小元素
8	max(L)	回傳串列 L 的最大元素
9	str.join(L)	將字串串列 L 的元素使用 str 連接成起來

1. 找出串列元素的個數：len(L)

```
a = [6, 7, 8, 9]
print(len(a))                    #串列a有4個元素，len(a)=4，輸出4
```

2. 找出元素在串列的個數：L.count(e)

```
a = [1, 2, 3, 'A', 'A', 'A']
n = a.count('A')                 #串列a有3個'A'，所以n=3
```

3. 反轉串列元素：L.reverse()、reversed(L)

在 Python 中，使用 L. 方法 的操作，是對原串列進行操作，例如：在原串列反轉使用 L.reverse()，在新串列反轉使用 reversed(L)。

```
a = [6, 7, 8, 9]
a.reverse()                          #在原串列反轉串列a元素，a=[9,8,7,6]
```

```
a = [6, 7, 8, 9]
b = reversed(a)                      #在新串列反轉，a不變，b=[9,8,7,6]
```

範例 6.3-1　計算總分與平均

寫一程式，輸入多位學生的成績，輸出總分與平均。

輸入：一串用空白隔開的整數，代表多位學生成績。

輸出：總分與平均，用一個空格隔開，平均取至小數第 1 位。

範例一：輸入	範例一：正確輸出
89 95 82 76	432 85.5

解題方法

1. 讀取輸入的資料，轉成整數，存放到串列 s。
2. 使用 sum() 函式，將串列 s 的元素加總到 total。平均 = total / len(s)。
3. 平均取至小數第 1 位，所以使用 f 字串格式化輸出總分與平均。

程式設計

```
s = list(map(int,input().split()))
total = sum(s)                                    #將串列s的元素加總到total
print(f'{total} {total / len(s):.1f}')  #使用f字串輸出總分與平均
```

執行結果

```
92 86 77 86

3419  85.2
```

範例 6.3-2　記錄問題

上課時，小老師記錄每位進教室同學的座號，寫一程式，協助小老師找出缺席同學的座號，假設學生座號從 1 號開始，中間沒有空號。

輸入：一串用空白隔開的整數，第 1 個數字是班級人數，第 2 個是實到人數，後面接續這些實到同學的座號。例如：5 3 4 1 2，表示全班 5 人，實到 3 人，分別是 4 號、1 號、2 號。

輸出：一串用空白隔開的整數，代表缺席同學的座號，例如：3 5。

範例一：輸入	範例一：正確輸出
8 4 5 3 1 7	2 4 6 8

解題方法

1. 讀取輸入的資料，轉成整數，存放到串列 a。

2. 出席同學的座號在串列 a 第 3 個元素以後，所以使用切片 n = a[2:]，將出席座號存放到串列 n。

3. 全班人數在 a[0]，所以全班同學的座號是 1 ~ a[0]。使用 for 迴圈，i 的範圍從 1 ~ a[0]，一一檢查 i 是否在串列 n 裡，如果不在，輸出 i 值。

4. 解題流程圖如下：

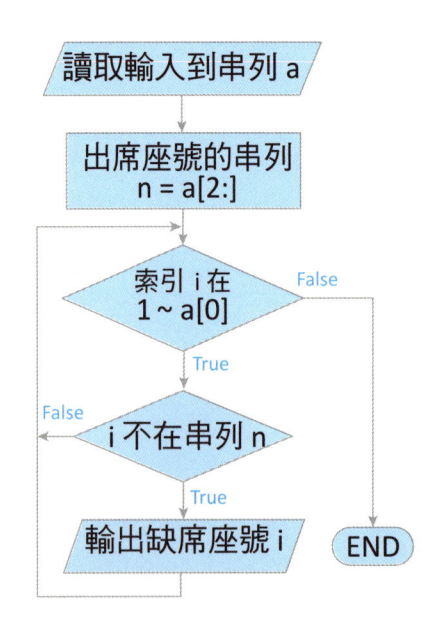

```
讀取輸入到串列 a
      ↓
出席座號的串列
   n = a[2:]
      ↓
┌───────────────┐
│  索引 i 在    │── False ──→ END
│   1 ~ a[0]    │
└───────┬───────┘
       True
        ↓
┌───────────────┐
│ i 不在串列 n  │── False ──┐
└───────┬───────┘           │
       True                 │
        ↓                   │
   輸出缺席座號 i ───────────┘
```

程式設計

```
1  a = list(map(int,input().split()))
2  n = a[2:]                            #出席座號在a第3個元素後，使用切片存n
3  for i in range(1, a[0] + 1):         #使用for迴圈，i從1~a[0]
4      if i not in n:                   #如果i不在在n裡
5          print(i, end=' ')            #輸出i值
```

執行結果

```
10 7 3 5 9 10 8 6 4

1 2 7
```

範例 6.3-3　同號的相鄰元素

輸入一串用空白隔開的數字，輸出第一對具有相同正負號的相鄰元素，若沒有這樣的元素，輸出 None。

範例一：輸入

-1 1 2 3 -1

範例一：正確輸出

1 2

範例二：輸入

1 -3 4 -2 1 -5 2

範例二：正確輸出

None

解題方法

1. 思考解題方法，可使用 for 迴圈，一一檢查相鄰的兩元素相乘是否為正數，若是正數，表示具有相同的正負號。

2. 是否有相同正負號的相鄰元素，可使用一個變數 found 作為 flag，預設是 0，表示未找到，一旦找到，就將 found 變為 1。

3. 解題演算法可設計如下：

   讀取輸入的資料，轉成整數，存放到串列 a

標示是否找到相同正負號之相鄰元素的變數 found 初始值設為 0

使用 for 迴圈，i 的範圍從 1 ~ 串列長度 - 1

如果相鄰兩元素相乘為正數（a[i - 1] * a[i] > 0）

輸出兩數

跳離迴圈（因為只輸出第一對）

如果 found == 0，表示未找到，所以輸出 None

4. 以串列 a = [-1, 1, 2, 3, -1] 為例，找出最大數的步驟如下：

i = 1，a[0] * a[1] = -1 * 1 < 0

i = 2，a[1] * a[2] = 1 * 2 > 0，輸出 1, 2，跳離迴圈

5. 解題流程圖如下：

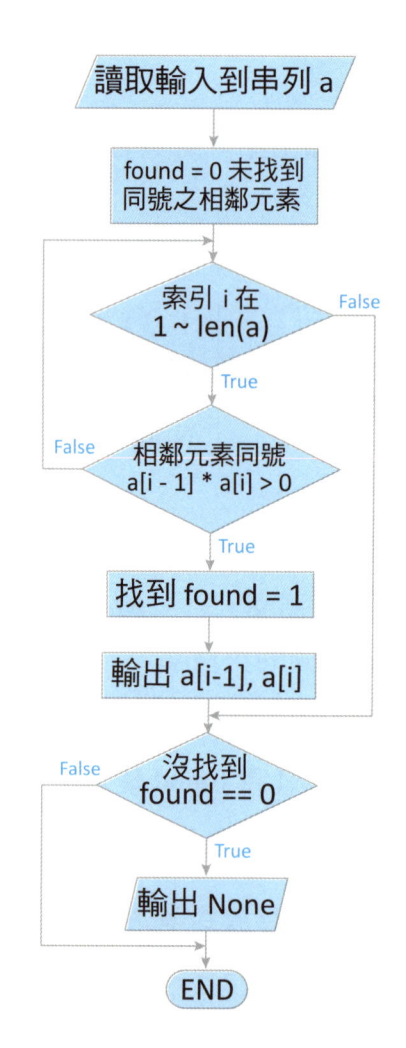

```
讀取輸入到串列 a
        ↓
found = 0 未找到
同號之相鄰元素
        ↓
  ┌──→ 索引 i 在 ──False──┐
  │    1 ~ len(a)        │
  │        │True          │
  │  ┌──False             │
  │  相鄰元素同號          │
  │  a[i - 1] * a[i] > 0  │
  │        │True          │
  │   找到 found = 1      │
  │        ↓              │
  │   輸出 a[i-1], a[i]   │
  │                       │
  └───────────────────────┤
                          ↓
              ──False── 沒找到
                       found == 0
                          │True
                       輸出 None
                          ↓
                         END
```

程式設計

```
1 a = list(map(int, input().split()))
2 found = 0                          #found是標示找到的旗幟，0表示沒找到
3 for i in range(1, len(a)):         #執行for迴圈，i從1~串列a長度-1
4     if a[i-1] * a[i] > 0:          #若相鄰的兩元元素相乘為正數
5         found = 1                  #表示已找到
6         print(a[i-1], a[i])        #輸出兩數
7         break                      #跳離迴圈
8 if found == 0:                     #如果沒找到
9     print('None')                  #輸出None
```

執行結果

1 -2 3 -4 -5	-1 2 -3 4 -5 6
-4 -5	None

範例 6.3-4　保齡球遊戲

打保齡球時，球道上會有 10 個球瓶，玩家目標是要擊倒所有球瓶。有一類似保齡球的遊戲，球瓶和球的數量會變動，若有 n 個球瓶和 k 顆球，球瓶從 1 到 n 編號，記錄玩家每顆球擊倒球瓶的情形，在所有球都滾完後，輸出每個球瓶的狀況。

輸入：第 1 行有 2 個整數，分別代表 n 個球瓶與 k 顆球，後續有 k 行，每行有 2 個整數，分別代表被擊倒球瓶的開始與結束編號。

輸出：一個長度為 n 的字串，每個字元依序對應每個球瓶編號的狀態，I 代表站立，. 代表被擊倒。

範例一：輸入	範例一：正確輸出
10 3	I.....I...
8 10	
2 5	
3 6	

解題方法

1. 使用一個大小為 n 的串列 p，以索引為球瓶編號，記錄所有球瓶的狀態是 I 或 . 。

2. 初始時球瓶都是站立的，所以串列 p 之元素的初始值都是 I。

3. 使用 for 迴圈，依序讀取被擊倒球瓶之開始與結束編號，並將 p 對應索引的元素狀態設為 . 。

4. 解題演算法可設計如下：

    讀取輸入的資料，轉成整數，指定給球瓶數 n 和球數 k

    建立一個串列 p，大小為 n，初始值為 I，用來記錄球瓶的狀態

    使用 for 迴圈，執行 k 次

    　　讀取被擊倒球瓶的開始 s 與結束編號 e

    　　使用 for 迴圈，索引 i 的範圍 range(s - 1, e)

    　　　　將球瓶狀態 p[i] 設為 .

    輸出串列 p 的元素值

5. 解題流程圖如下：

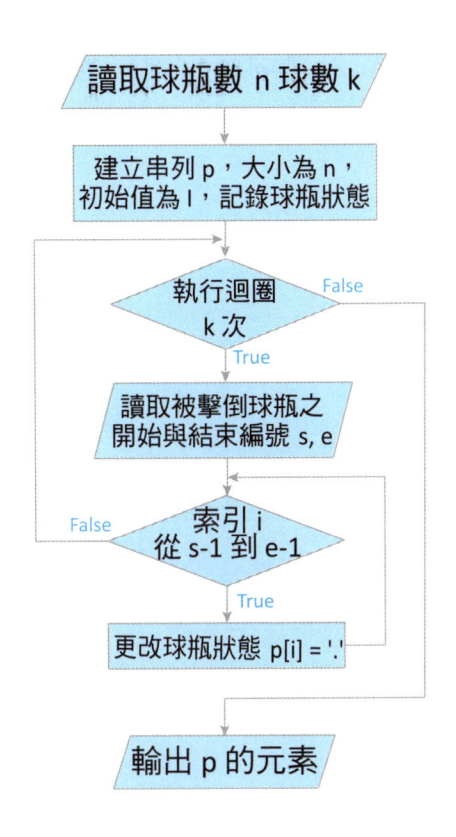

```
           ┌─────────────────────┐
           │ 讀取球瓶數 n 球數 k │
           └──────────┬──────────┘
                      ▼
           ┌─────────────────────┐
           │ 建立串列 p，大小為 n， │
           │ 初始值為 I，記錄球瓶狀態│
           └──────────┬──────────┘
                      ▼
                 ╱執行迴圈╲  False
                ╲  k 次  ╱──────┐
                    │True       │
                    ▼           │
           ┌─────────────────┐  │
           │ 讀取被擊倒球瓶之 │  │
           │ 開始與結束編號 s,e│  │
           └────────┬────────┘  │
                    ▼           │
          False ╱ 索引 i ╲      │
          ┌───╲從 s-1 到 e-1╱   │
          │       │True         │
          │       ▼             │
          │ ┌─────────────────┐ │
          │ │更改球瓶狀態p[i]='.'│ │
          │ └─────────────────┘ │
          └─────────────────────┘
                      ▼
           ┌─────────────────────┐
           │    輸出 p 的元素    │
           └─────────────────────┘
```

程式設計

```
1 n, k = map(int,input().split())      #讀取輸入的整數，指定給球瓶數n和球數k
2 p = ['I'] * n                        #建立n個元素都是'I'的串列 p
3 for i in range(k):                   #有k顆球，重複執行k次
4     s,e = map(int,input().split())   #讀取被擊倒球瓶開始與結束編號s,e
5     for j in range(s - 1,e):         #重複執行，索引j從s-1到e-1
6         p[j] = '.'                   #將球瓶狀態p[j]改為擊倒'.'
7 print(*p, sep = '')                  #輸出串列p的元素
```

6-29

執行結果

10 3

3 5

4 6

10 10

II....III.

範例 6.3-5　十進位轉二進位（a034）

十進位數轉二進位數的方法之一，是將十進位數連續除以 2，直到商為 0。先後產生的餘數，分別為二進位數右邊之第一位、第二位、第三位等，依此類推。寫一程式，能將十進位數轉成二進位數。

輸入：1 個十進位整數

輸出：1 個二進位數

範例一：輸入	範例一：正確輸出
11	1011

解題方法

1. 思考解題方法，要將十進位數轉成二進位數，可反覆使用運算子 % 求餘數及 // 求商，並將二進位數，也就是餘數，存放到串列 a 中，最後再將串列元素輸出。

2. 以 n = 11 為例，解題步驟如下：

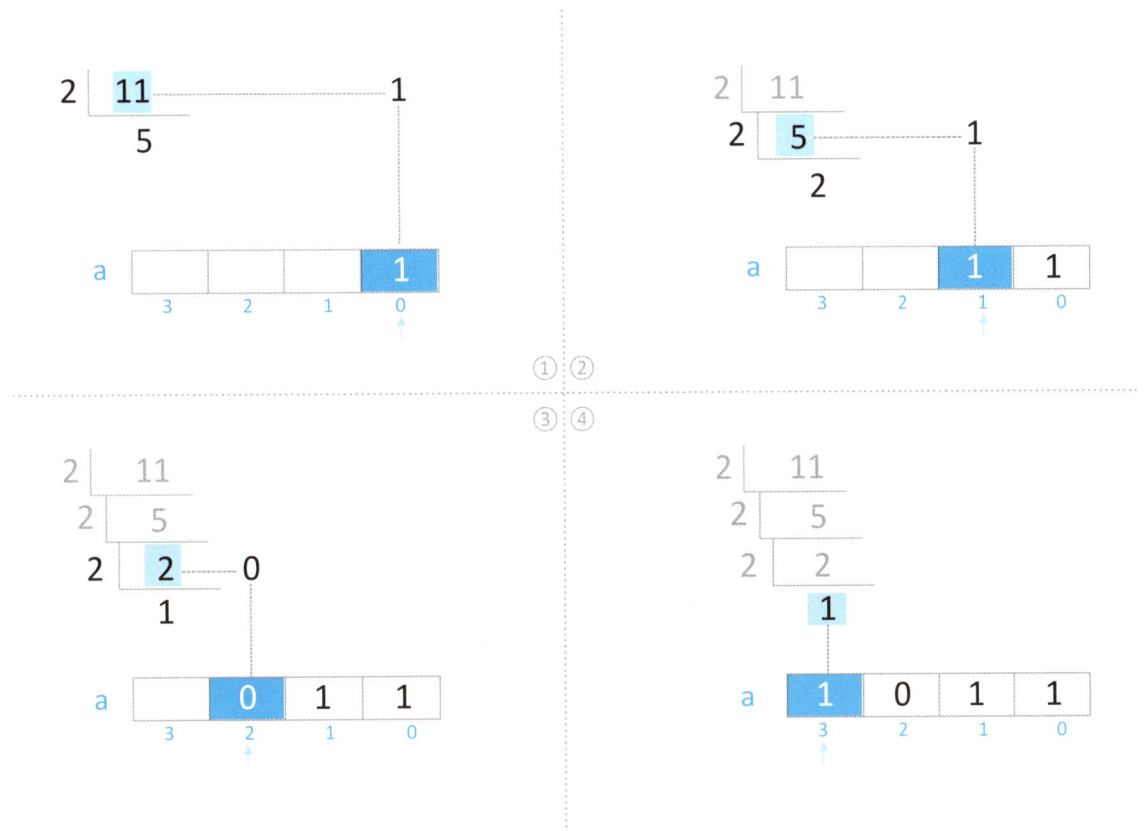

二進位數右邊第 1 位數存放到 a[0]，第二位數在 a[1]，依此類推。所以要輸出此二進位數時，可先將串列 1101 倒轉為 1011 後再輸出。

3. 解題演算法可設計如下：

讀取輸入的十進位數 n

當 n > 0

    將 n 除以 2 的餘數附加到 a，也就是 a.append(n % 2)

    將 n 指定為 n // 2，也就是 n = n // 2

反轉串列 a

輸出串列 a 的元素

4. 注意，n = n // 2 不能寫成 n = n / 2，因為 / 會讓 n 變為浮點數，造成錯誤，例如：n = 1，反覆 n = n / 2 會讓 n = 0.5, 0.125, 0.0625 ……，迴圈會不斷執行。

5. 解題流程圖如下：

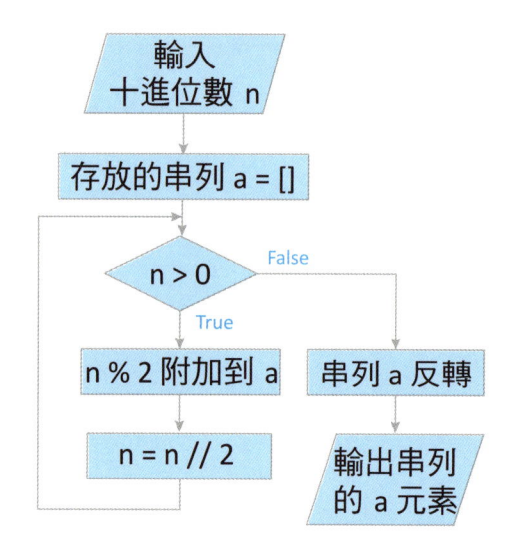

```
         輸入
       十進位數 n
           │
           ▼
      存放的串列 a = []
           │
    ┌──────▼──────┐         False
    │    n > 0    ├──────────┐
    └──────┬──────┘          │
           │ True            ▼
           ▼             串列 a 反轉
      n % 2 附加到 a         │
           │                 ▼
           ▼             輸出串列
       n = n // 2         的 a 元素
           │
           └──────回上方
```

程式設計

```
1  n = int(input())       #讀取輸入的十進位數
2  a = []                 #使用串列a存放二進位數，初始值為空串列[]
3  while n > 0:
4      a.append(n % 2)    #將n除以2的餘數附加到串列a尾端
5      n = n // 2         #將n值設為原來n值除以2的商
6  a.reverse()            #將串列a反轉
7  print(*a, sep='')      #輸出串列a的元素
```

執行結果

```
26

11010
```

> 說明

十進位數與二進位、八進位、十六進位的轉換，可使用 f 字串，以十進位整數 26 為例，將其方法如下：

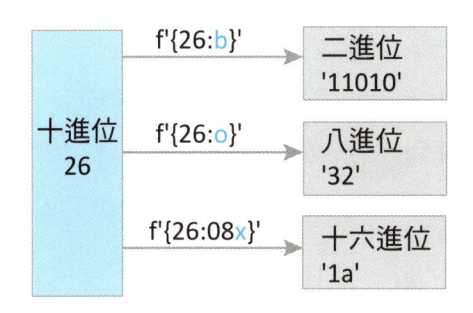

```
十進位     f'{26:b}'    →  二進位 '11010'
  26       f'{26:o}'    →  八進位 '32'
           f'{26:08x}'  →  十六進位 '1a'
```

4. **連接 join(L)**

   字串是不可變的，其元素不能被修改，若要修改，可先轉成可變類型，例如：使用 list() 轉成串列，修改串列元素後，再用 join() 連接成字串。

   ```
   字串  ──list()──►  串列  ──join()──►  字串
   不可變              可變
   ```

   join 是連接的意思，是使用連接符號為作間隔，把元素連接起來，其語法如下：

   ```
   '連接符號'.join(可迭代物件)
   ```

   如以下敘述，是使用底線 _ 和空字串，作為連接符號，將串列 a 的元素連接成字串。

   ```
   a = ['B', 'C', 'D']
   x = '_'.join(a)              # x = 'B_C_D'
   y = ''.join(a)               # y = 'BCD'
   ```

   以下列舉幾個例子說明 join() 函式使用的方法。

例題 1

將字串 'abc' 改成 'a0c'

解法：

```
s = 'abc'
a = list(s)        #使用list()將字串'abc'轉成串列，a=['a','b','c']
a[1] = '0'         #將索引1的元素改為'0'，a=['a','0','c']
s = ''.join(a)     #使用''.join()將串列['a','0','c']連接成字串'a0c'
```

上例也可以使用切片和＋號串接。

```
s = 'abc'
s = s[:1] + '0' + s[-1:]
```

例題 2

將字串 'abc' 改成 'axyz'

解法：

```
s = 'abc'
a = list(s)
a[1:] = 'xyz'              #將索引1之後的元素改為'xyz'，a=['a','xyz']
s = ''.join(a)
```

例題 3

生成字串 '01234567'

解法：

```
s = []
for i in range(8):
    s.append(str(i))        #將元素加到串列中
s = ''.join(s)              #將串列s轉成字串s
print(s)
```

6.4 APCS實作題

範例 6.4-1 秘密差（201703 APCS 第 1 題）

若一個正整數的奇數位數的和為 A，偶數位數的和為 B，則絕對值 |A - B| 稱為這個正整數的秘密差。

例如：263541 的奇數位數和 A = 6 + 5 + 1 = 12，偶數位數和 B = 2 + 3 + 4 = 9，所以 263541 的秘密差是 |12 - 9| = 3。

寫一程式，輸入一個正整數 X，X 的位數不超過 1000，請找出 X 的秘密差。

輸入：一個正整數 X。

輸出：X 的秘密差。

範例一：輸入	範例二：輸入
263541	131
範例一：正確輸出	範例二：正確輸出
3	1

解題方法

1. 本題需找出整數的奇偶位數，可把輸入的整數存到<u>串列</u>，再使用<u>切片</u>，分別產生奇位數和偶位數 2 個串列，再計算這 2 個串列的和，相減後，取其絕對值輸出。

2. 解題步驟如下：

   讀取輸入，轉為整數串列 → 切片 → 求和 → 相減 → 取絕對值

3. 以範例一的輸入為例：'263541' → s = [2, 6, 3, 5, 4, 1]，解題步驟如下：

   (1) 切片

   s[::2] 可將串列 s 索引 0, 2, 4,… 的元素切成新串列 [2, 3, 4]。

   s[1::2] 可將串列 s 索引 1, 3, 5,… 的元素切成新串列 [6, 5, 1]。

(2) 求和

　　sum(s[::2]) = sum([2, 3, 4]) = 9

　　sum(s[1::2]) = sum([6, 5, 1]) = 12

(3) 相減

　　sum(s[::2]) - sum(s[1::2]) = 9 - 12 = -3

(4) 取絕對值

　　要取某一數的絕對值，可使用 abs() 函式，例如：abs(-1) = 1，abs(1) = 1。

　　abs(sum(s[::2]) - sum(s[1::2])) = abs(-3) = 3

4. 解題方法，如下圖所示：

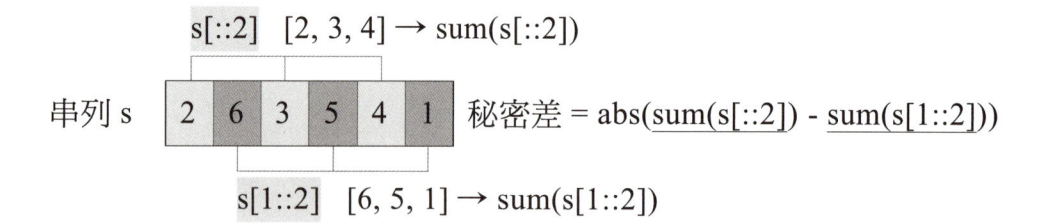

```
            s[::2]   [2, 3, 4] → sum(s[::2])

串列 s    | 2 | 6 | 3 | 5 | 4 | 1 |   秘密差 = abs(sum(s[::2]) - sum(s[1::2]))

            s[1::2]  [6, 5, 1] → sum(s[1::2])
```

5. 解題演算法可設計如下：

　　讀取輸入，轉為整數串列 s = list(map(int, input()))

　　切片：產生奇位數與偶位數串列，s[::2] 與 s[1::2]

　　求和：計算 2 個新串列的和，sum(s[::2]) 與 sum(s[1::2])

　　相減：sum(s[::2]) - sum(s[1::2])

　　取絕對值：秘密差 = abs(sum(s[::2]) - sum(s[1::2]))

程式設計

```
s = list(map(int, input()))
print(abs(sum(s[1::2])- sum(s[::2])))
```

執行結果

```
12345678901357924680111555999

19
```

範例 6.4-2　修補圍籬（202111 APCS 第 1 題）

有一個圍籬由 n 塊木板組成，其中有些木板被風吹走了，現在要進行修補。修補時，會取左右相鄰位置較低的高度，若不會連續兩支木板都被吹走，寫一程式，計算所需新增的圍籬高度和。

輸入：共 2 行，第 1 行一個正整數 n（3 <= n <= 100）。第 2 行有 n 個用空白隔開的整數，介於 0 和 100，代表每塊木板的高度。

輸出：1 個正整數，表示新增的圍籬高度和。

範例一：輸入	範例二：輸入
3	9
2 0 4	0 5 3 0 8 9 0 2 0
範例一：正確輸出	範例二：正確輸出
2	12

解題方法

1. 思考解題方法，可將所有木板的高度存放到串列中，再遍歷串列，找出高度為 0 的元素，取其左右相鄰元素較小者，作為新增的高度，並累加到新增的總高度。

2. 如範例二的輸入,原圍籬如左下圖,需修補的位置是索引 0, 3, 6, 8,修補後的結果如右下圖,新增的高度和為 5 + 4 + 2 + 2 = 13。

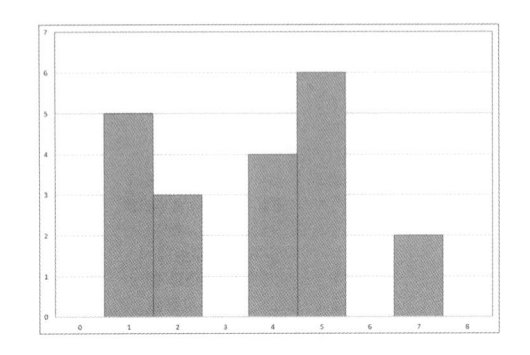

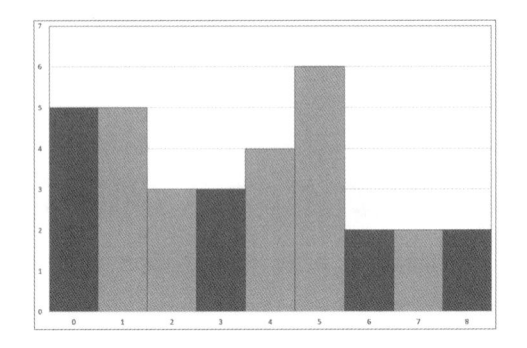

3. 串列處理的方式如下圖,索引 0 和 -1 的元素只有一個相鄰者,所以可分開處理。

索引	0	1 .... n-2	- 1
元素	p[0]	p[i]	p[-1]

若 p[0] == 0   若 p[i] == 0   若 p[-1] == 0
p[0] = p[1]   p[i] = min(p[i-1], p[i+1])   p[-1] = p[-2]

4. 解題演算法可設計如下:

讀取木板的數量 n

讀取所有木板的高度,存放到整數串列 p

新增的圍籬高度和 total 初始值設為 0

若串列 p 的第 0 個元素 p[0] 是 0

　　新增的高度和 total 就 + p[1]

執行 for 迴圈,索引 i 從 1 ~ n - 2

　　若 p[i] 等於 0

　　　　新增的高度和 total 就加上前一個 p[i-1] 和後一個 p[i+1] 的最小值

若串列 p 的最後 1 個元素 p[-1] 是 0

新增的高度和 total 就 + p[-2]

輸出新增的高度和 total

5. 解題流程圖如下：

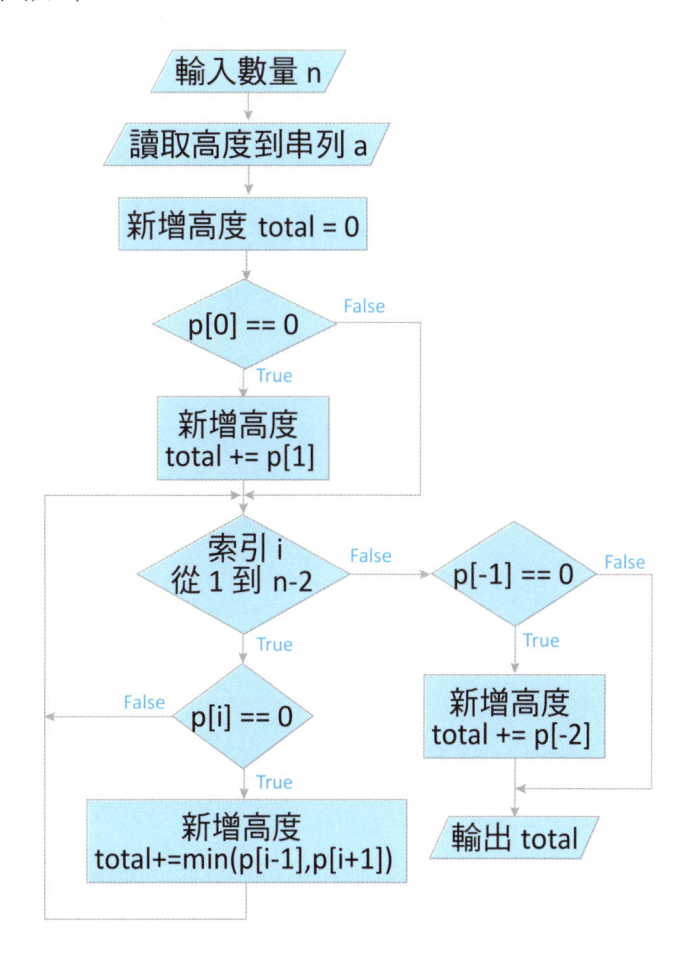

程式設計

```
1  n = int(input())                          #讀取木板的數量n
2  p = list(map(int,input().split()))        #讀取木板的高度，存在整數串列p
3  total = 0                                 #設新增高度的和total初始值為0
4  if p[0] == 0:                             #若串列p索引0的元素是0
5      total = total + p[1]                  #高度和total就累加p[1]
6  for i in range(1, n - 1):                 #執行迴圈，索引i從1 ~ n-2
7      if p[i] == 0:                         #若p[i]等於0
```

```
 8                                            #total加上前一個和後一個的最小值
 9          total = total + min(p[i - 1], p[i + 1])
10   if p[-1] == 0:                           #若p最後1個元素是0
11       total = total + p[-2]                #total就加上倒數第2個元素p[-2]
12   print(total)
```

執行結果

```
10
0 1 2 7 0 2 5 1 0 5 0


9
```

```
12
40 0 50 0 80 0 100 0 60 0 50 0


330
```

學習挑戰

一、選擇題

1. 串列 a = [1, 2, 3.0, 5, 7.0, 8.3] 內含幾個整數元素？
   (A) 2　　　　　　　　　　(B) 3
   (C) 5　　　　　　　　　　(D) 6

2. 執行以下程式，結果為何？
   ```
   print(len(range(10)))
   ```
   (A) 0　　　　　　　　　　(B) 1
   (C) 10　　　　　　　　　 (D) 9

3. 執行 list('1#2#3#4'.split('#'))，結果為何？
   (A) ['1', '2', '3', '4']　　　(B) [1, 2, 3, 4]
   (C) ['1 2 3 4']　　　　　　(D) ['1234']

4. 使用串列計算 100 位同學的總分，程式碼如下，空格內應填入何值？
   ```
   total = 0
   for i in range(_____):
       total = total + a[i]
   ```
   (A) 99　　　　　　　　　 (B) 100
   (C) 101　　　　　　　　　(D) 102

5. 執行以下程式，b 值為何？
   ```
   a = [1, 2, 3, 4, 5]
   b = a[2] + a[4]
   ```
   (A) 6　　　　　　　　　　(B) 7
   (C) 8　　　　　　　　　　(D) 9

6. 執行下列敘述後，b 值為？

   ```
   a = [1, 2, 3, 4, 5, 6, 7, 8, 9, 0]
   i = 0
   b = a[i + 2] + a[a[i]]
   ```

   (A) 3　　　　　　　　　　　　(B) 5

   (C) 7　　　　　　　　　　　　(D) 11

7. 若 list1 = [0, 1, 2]，執行以下程式，list2[1] = ?

   ```
   list2 = list1; list1[1] = -1
   ```
   (A) 0　　　　　　　　　　　　(B) 1

   (C) 2　　　　　　　　　　　　(D) -1

8. 執行以下程式，結果為何？

   ```
   a = [0, 1, 2, 3, 4]
   for i in a:
       a[i] = 1
   print(a)
   ```

   (A) [1, 1, 1, 1, 1]　　　　　　(B) [0, 1, 2, 3, 4]

   (C) [1, 1, 1, 3, 3]　　　　　　(D) [1, 1, 1, 3, 1]

9. 執行下列程式片段後，a[3] 的值為何？

   ```
   a[0] = 5
   for i in range(1, 6):
       a[i] = i * i + 5
       if i > 2:
           a[i] = a[i] - a[i - 1]
   ```

   (A) 6　　　　　　　　　　　　(B) 5

   (C) 1　　　　　　　　　　　　(D) 0

10. 執行 print(sum(range(10)) % 4)，結果為何？

    (A) 0　　　　　　　　　　　　(B) 1

    (C) 2　　　　　　　　　　　　(D) 3

11. 執行以下程式，結果為何？

    ```
    a = [92, 85, 80, 100, 78, 41, 34, 90, 60, 59]
    count_1 = count_2 = 0
    for i in range(10):
        if a[i] >= 80:
            count_1 = count_1 + 1
        if a[i] < 60:
            count_2 = count_2 + 1
    print((count_1 + count_2) % 4)
    ```

    (A) 0　　　　　　　　　　　　(B) 1
    (C) 2　　　　　　　　　　　　(D) 3

12. 執行 a = [0] * 5 後，a[5] 值為何？

    (A) 5　　　　　　　　　　　　(B) 0
    (C) 4　　　　　　　　　　　　(D) 出現錯誤訊息

13. 執行以下程式，a[0] 為何？

    ```
    a = [0, 0, 0, 0, 2, 0]
    for k in range(5, 1, -1):
        a[k - 2] = a[k] + a[k - 1]
    ```

    (A) 22　　　　　　　　　　　　(B) 46
    (C) 33　　　　　　　　　　　　(D) 10

14. 執行以下程式，結果為何？

    ```
    a = [0] * 5
    for i in range(2, 5):
        if i % 2 == 1:
            a[i] = a[i - 1] + 1
        else:
            a[i] = a[i - 1] + 2
    print(a[4])
    ```

    (A) 3　　　　　　　　　　　　(B) 4
    (C) 5　　　　　　　　　　　　(D) 6

15. 串列 a = [1, 3, 9, 2, 5, 8, 4, 9, 6, 7]，若 index = 0，執行以下程式後，index 的值為？

    ```
    for i in range(1, 9):
        if a[i] >= a[index]:
            index = i
    ```

    (A) 1　　　　　　　　　　　　　(B) 2
    (C) 7　　　　　　　　　　　　　(D) 9

二、應用題

1. 寫一程式，輸入一串用空白隔開的整數，完成以下功能：

   (1) 找出最大值

   (2) 找出次小值

   (3) 計算所有元素相乘的值

2. 中位數是一個排序好之數列最中間的那個數，若數字個數是奇數，中位數就是最中間那一個數字，若是偶數，則是中間兩個數的平均值。

   分別寫一程式，輸入一串用空白隔開的整數，完成以下功能：

   (1) 找出中位數。

   (2) 判斷某數 n 是否是輸入之整數的中位數

3. 輸入一串整數，輸出這些整數的平均值，取至小數以下第 2 位，例如：輸入 10, 20, 30, 31, 32, 33, 34，輸出 27.14。

4. 下表是身高與體重表，寫一程式，使用串列，計算每個人的 BMI 值，取小數以下 1 位，並依照下表的格式輸出。

編號	身高（cm）	體重（kg）	BMI
1	166	66	
2	175	68	
3	172	64	
4	169	58	
5	180	55	

5. 寫一程式，輸入一串正整數，找出這些正整數的最大數及其索引，例如：輸入 5 1 9 6 8 3，輸出 9 2。(b002)

6. 將輸入的一串用空白隔開的整數，串接成一個數後輸出。例如：輸入 10 20 30 40 50 60，輸出 102030405060。

7. 輸入一串數值，檢查此數列是否已排好序，若是，輸出 True，否則輸出 False。

8. 寫一程式，先輸入一串整數，再輸入另一個整數，找出這一串整數中，比最後輸入之整數大的個數。例如：輸入 100 200 129 134 198，再輸入 150，比 150 大的數有 200, 198，所以輸出 2。(b138)

9. 輸入一串整數，找出出現次數最多的數，及其出現的次數。例如：輸入 2, 3, 2, 4, 8, 1, 8, 2，輸出 2 3。

10. 費氏數列的第 1, 2 項分別為 1, 1，其後的每一項為前 2 項的和，所以第 3 項以後分別為 2, 3, 5, 8, 13, 21......。寫一程式，使用串列，輸入一正整數 n，輸出此數列第 n 項的值。

07

串列的應用與二維串列

本章學習重點

- 串列的應用 — 排序
- 串列的應用 — 搜尋
- 二維串列
- APCS 實作題

本章學習範例

- 範例 7.1-1 氣泡排序
- 範例 7.1-2 檢查異序詞
- 範例 7.2-1 循序搜尋
- 範例 7.2-2 二分搜尋
- 範例 7.3-1 計算學生總分與平均
- 範例 7.4-1 數字遊戲 (202206 APCS 第 1 題)
- 範例 7.4-2 最大和（201610 APCS 第 2 題）

7.1 串列的應用—排序

排序和搜尋是常用的演算法,設計排序程式或搜尋程式時,常會將資料存放到串列。排序和搜尋是串列重要的應用,學會設計基本排序的程式,是程式設計的基本能力。

生活中常用到排序,例如:按照身高安排座位、依照成績排名、依照價格高低排序等。排序是將資料由小到大或由大到小排列好,由小到大排序屬於遞增排序,由大到小則是遞減排序,也稱為反向排序(圖 7-1)。排序的資料並不限於數值,也可按字母順序或其他資料值等排序。

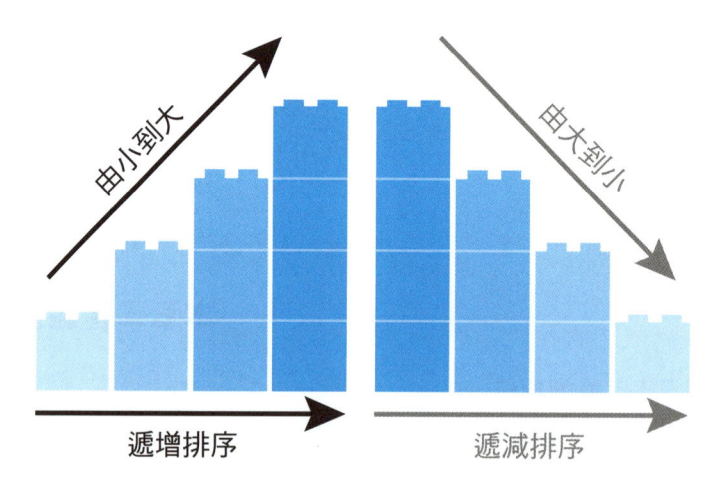

圖 7-1 遞增排序或遞減排序

排序演算法有很多種,每種方法各有其特點,應用時可依問題屬性,選擇合適的演算法。以下介紹兩種方法。

7.1.1 氣泡排序

顧名思義,氣泡排序(bubble sort)是透過反覆交換相鄰的兩元素,讓較大的數逐漸往陣列尾端移動,較小的數則逐漸往陣列開頭移動,過程就像氣泡從水底往水面浮升一樣。

以排序 5, 3, 4, 1, 2 為例,氣泡排序的過程如下(圖 7-2):

① 第 1 回合：排序 5, 3, 4, 1, 2

如下圖左，兩兩比較相鄰的兩數，若前數大於後數，交換兩數。經過一整個回合後，最大數 5 會被移到最尾端。

因為 5 是整個數列的最大數，排好序後，它的位置會在數列最尾端。經過第 1 回合排序後，它已被移到最尾端，所以已經就定位，可以不需要再排，只需排序剩下的 4 個數字 3, 4, 1, 2。

② 第 2 回合：排序 3, 4, 1, 2

如下圖右，這 4 數會兩兩比較相鄰的兩數，若前數大於後數，交換兩數。經過第 2 回合後，四數的最大數 4 會被移到此四數的最尾端，定位完成，可以不需要再排，只需排序剩下的 3 個數字 3, 1, 2。

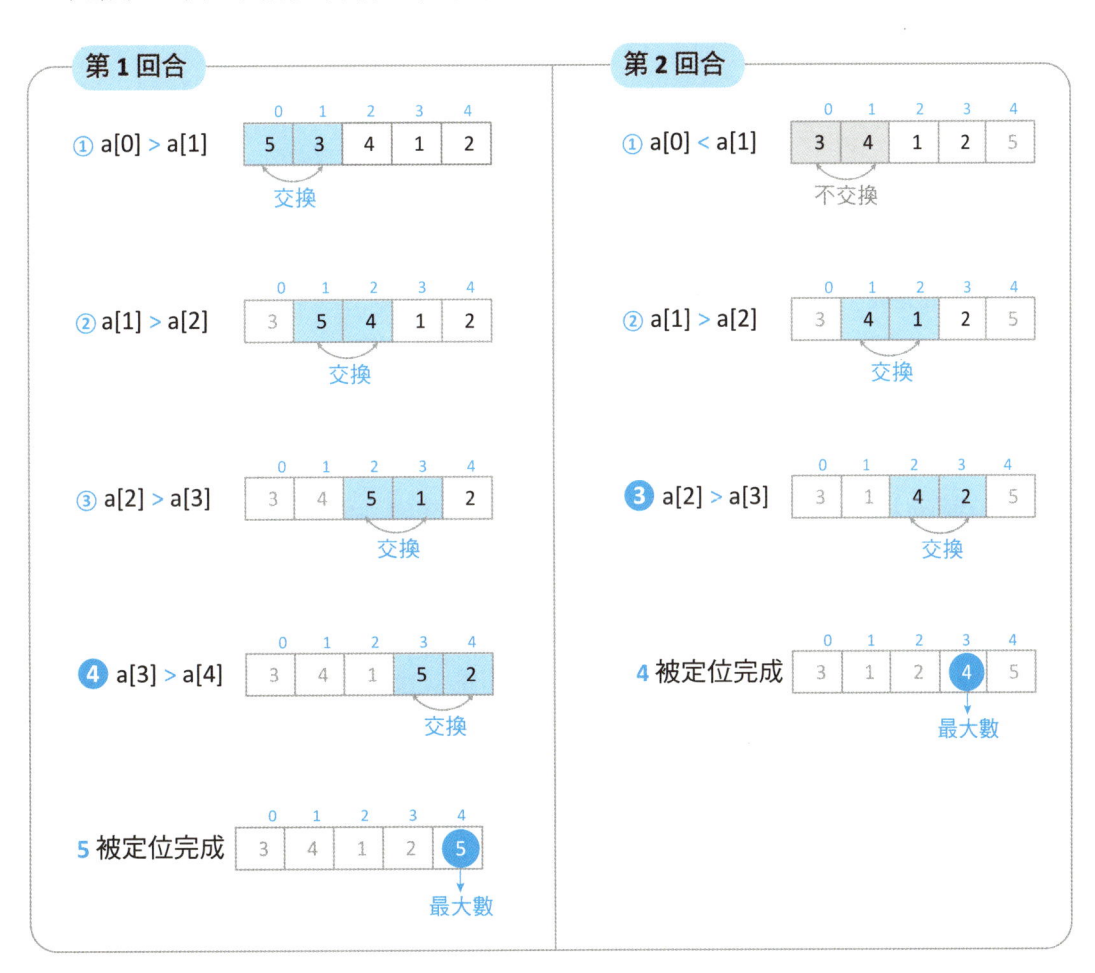

圖 7-2(a) 氣泡排序的過程

③ 第 3 回合：排序 3, 1, 2

如下圖左，經過第 3 回合後，三數的最大數 3 會被定位完成，只需排序剩下的 2 個數字 1, 2。

④ 第 4 回合：排序 1, 2

如下圖右，經過第 4 回合後，兩數的最大數 2 會被定位完成。此時最小的數 1 已經排到最前端，所以排序完成，不需要再進行第 5 回合。

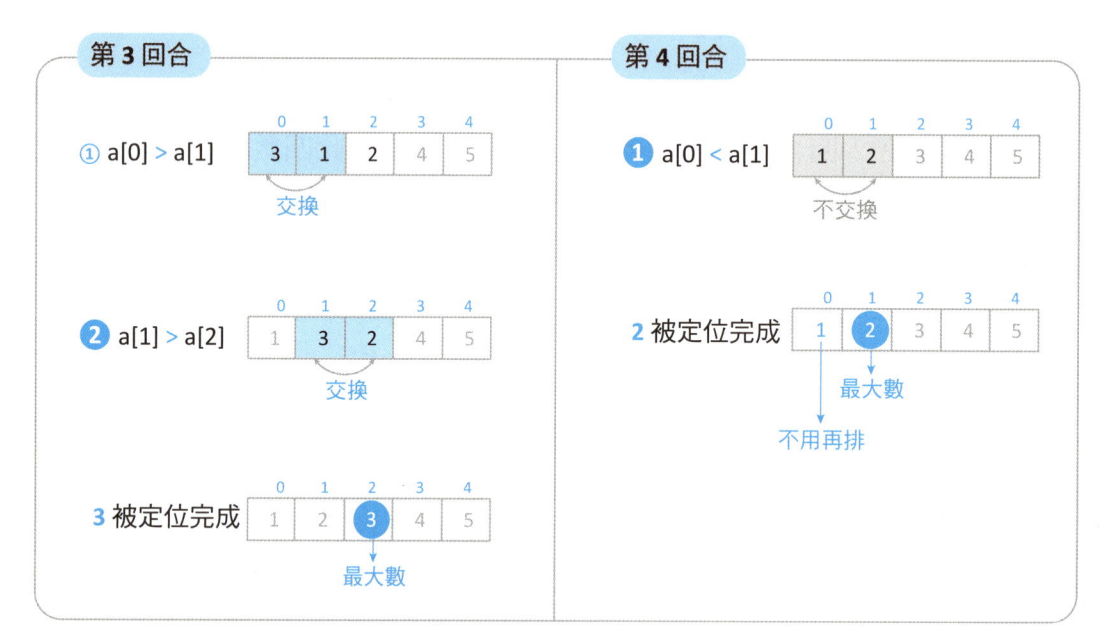

第 3 回合

① a[0] > a[1]　3 1 2 4 5　交換

② a[1] > a[2]　1 3 2 4 5　交換

③ 3 被定位完成　1 2 3 4 5　最大數

第 4 回合

① a[0] < a[1]　1 2 3 4 5　不交換

② 2 被定位完成　1 2 3 4 5　最大數　不用再排

圖 7-2(b)　氣泡排序的過程

使用氣泡排序法排序 n 個值，每回合會從第 1 個數開始，直到未被排好序的最後一個數，兩兩比較相鄰的兩數，若前數大於後數，兩數交換。每回合會有一個元素被定位完成，n - 1 個回合可完成排序。

n 筆資料排序時，第 1 回合需比較 n - 1 次，第 2 回合比較 n - 2 次，依此類推，最後 1 回合比較 1 次，總比較次數為

$$(n-1) + (n-2) + (n-3) + \cdots\cdots + 2 + 1 = n(n-1)/2$$

範例 7.1-1　氣泡排序

使用氣泡排序,將資料由小到大排序好,並輸出每回合執行後的元素值。

輸入:一串用空白隔開的整數,代表要排序的資料。

輸出:若干行,每一行有一串用一個空白隔開的整數,代表每回合排序後的元素。

範例一:輸入	範例一:正確輸出
4 3 2 1	3 2 1 4
	2 1 3 4
	1 2 3 4

解題方法

1. 氣泡排序可使用 for 雙重迴圈來設計,其中外迴圈控制排序的回合數,內迴圈控制每一回合的排序。

2. 外迴圈

   排序 n 個數字,需 n - 1 回合。可用 range(1, n) 建立一個 1 ~ n - 1 的序列,讓外迴圈分別執行第 1 ~ n - 1 回合排序。

   for i in range(1, n):

   　　執行第 i 回合排序

3. 內迴圈

   思考設計外迴圈內的「第 i 回合排序」。先分析第 i 回合排序的比較次數,因為這是內迴圈的執行次數。

   (1) 第 i 回合有 i - 1 個排序好的元素,剩 n - (i - 1) 個元素需要排序。

   (2) n - i + 1 個資料兩兩比較,會比較 n - i 次,內迴圈需執行 n - i 次。

   第 i 回合

未排序	已排序
n - i + 1 個	i - 1 個

   兩兩比較,共 n - i 次

使用變數 j，依序代表 range(n - i) 產生的序列 0 ~ n - i - 1。第 i 回合排序可設計為：

for j in range(n - i):

　　如果前數 > 後數

　　　　交換兩數

串列的前數與後數是 a[j] 和 a[j + 1]，交換兩數是

a[j], a[j + 1] = a[j + 1], a[j]

4. 解題演算法可設計如下

　　執行 for 迴圈 n - 1 次（n - 1 回合，索引 i 從 1 到 n - 1）

　　　　執行 for 迴圈 n - i 次（比較前 n - i 個元素，索引 j 從 0 到 n - i - 1）：

　　　　　　如果串列相鄰的兩數，前數 a[j] > 後數 a[j + 1]

　　　　　　　　a[j] 和 a[j + 1] 交換

　　　　輸出串列 a 的元素

程式設計

```
1  a = list(map(int,input().split()))    #讀取輸入，轉成整數，存放到串列
2  a
3  n = len(a)                             # n是串列a元素的個數
4  for i in range(1,n):                   #執行for迴圈，索引i從1~n-1
5      for j in range(n - i):             #執行for迴圈，索引j從0~n-i-1
6          if a[j] > a[j + 1]:            #如果前數>後數
7              a[j], a[j + 1] = a[j + 1], a[j]    #前數與後數交換
   print(*a)                              #輸出串列a的元素
```

執行結果

```
6 3 5 4 2 1

3 5 4 2 1 6
3 4 2 1 5 6
3 2 1 4 5 6
2 1 3 4 5 6
1 2 3 4 5 6
```

說明

氣泡排序其他寫法：

1. 定位好的元素仍繼續比較，這是最簡單的寫法，但比較次數較上例增加 1 倍。

```
for i in range(n - 1):
    for j in range(n - 1):
        if a[j] > a[j + 1]:
```

2. i 由 1～n - 1 變成 0～n - 2，j 也由 0～n - i - 1 變成 0～n - i - 2。

```
for i in range(n - 1):
    for j in range(n - 1 - i):
        if a[j] > a[j + 1]:
```

3. j = n - 1～i - 1，所以每回合變成由串列**尾端**開始，往前兩兩比較。

```
for i in range(n - 1):
    for j in range(n - 1, i, -1):
        if a[j - 1] > a[j]:
```

7.1.2 排序的方法或函式

Python 內建的排序函式有 L.sort() 和 sorted(L)，可直接呼叫使用。這兩個是很常用的函式，大家要熟悉，特別是其 ( ) 內參數的使用。

1. L.sort()

直接在原串列 L，將元素由小到大排序。

```
a = [4, 2, 3, 1]
a.sort()                              #在原串列a上，將a的元素排序好
print(a)                              #輸出[1,2,3,4]
```

排序字串串列時，會逐字元依 ASCII 碼大小排序，數字 < 大寫字母 < 小寫字母。

```
b = ['123', 'dog', 'dove', 'Dog']
b.sort()                              #b=['123','Dog','dog','dove']
```

L.sort() 和 sorted() 有以下 2 個重要的參數，功能如下：

功能	語法	用途說明
反向排序	L.sort(reverse = True)	反向排序，由大到小排序
自訂排序鍵	L.sort(key = 函式名稱)	無參數 key 時，會依串列 L 的元素值排序。 有參數 key 時，會依函式回傳值排序，若回傳值相等，依原順序排列。

例如：

```
c = ['cat', 'bird', 'dog']
c.sort(key = len)         #依長度函式len的回傳值排序，c=['cat','dog','bird']
c.sort(key = len, reverse = True)
                          #依長度反向排序，c=['bird','cat','dog']
```

上例中，串列 c 中，元素 'cat' 和 'dog' 長度相同，所以回傳值相同，兩者會依原順序排列，'cat' 在 'dog' 前面。

注意，key = 是接函式名稱，函式名稱後不能加 ( )。函式名稱是一個記憶體位址，所以 key = 記憶體位置，是把 key 指向函式的位址，如果加了 ( )，就變成呼叫函式，會是函式回傳的值，意義不同，所以不要寫成 c.sort(key = len())。

2. sorted(L)

回傳一個排序好的新串列，原串列不變。反向排序與自訂排序鍵與 L.sort() 相同。

```
a = [4, 2, 3, 1]
b = sorted(a)                    #排序串列a，建立新串列b=[1,2,3,4]，a不變
c = sorted(a, reverse = True)    #反向排序串列a，建立新串列c=[4,3,2,1]
```

字串、串列、range() 等都可以使用 sort() 和 sorted() 函式排序，sort() 函式會原物件排序，而 sorted() 則會回傳一個排序好的新串列。

範例 7.1-2　檢查異序詞

異序詞（Anagram）是指字元相同，順序不同的詞，如 listen 和 silent，包含相同的字元 'l', 'i', 's', 't', 'e', 'n'，但順序不同。判斷異序詞時，字母大小寫視為相同。

輸入 2 個字串，如果兩者是異序詞，輸出 Yes，否則輸出 No。

輸入：1 行，2 個用空白隔開的字串

輸出：如果是異序詞，輸出 Yes，否則輸出 No

範例一：輸入	範例二：輸入
listen silent	Race Care
範例一：正確輸出	範例二：正確輸出
Yes	Yes

解題方法

1. 異序詞是字元相同,順序不同的詞,所以可先將輸入的字串排序,再比較排序後的串列,如果相等,就是異序詞,否則就不是。

2. 字串的排序可使用 sorted() 函式,產生一個排序好的新串列。

3. 因大小寫視為相同,所以需先將輸入的字串轉成小寫。

4. 解題演算法可設計如下:

    輸入 x, y 兩個字串,並轉成小寫

    如果 x 排序後的串列 sorted(x) 等於 y 排序後的串列 sorted(y)

    　　輸出 Yes

    否則

    　　輸出 No

5. 解題流程圖如下:

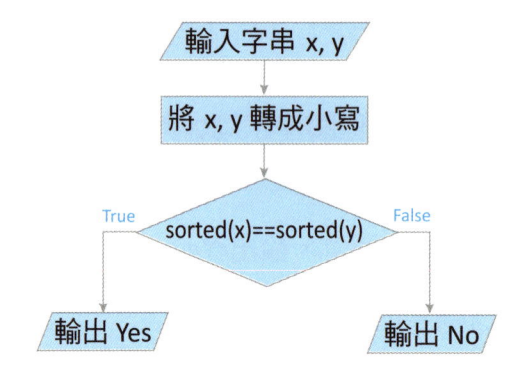

程式設計

```
1  x, y = input().lower().split()
2  if(sorted(x) == sorted(y)):
3      print('Yes')
4  else:
5      print('No')
```

執行結果

Exit Taxi	Car Arc
No	Yes

7.2 串列的應用—搜尋

7.2.1 循序搜尋

搜尋演算法也很重要,它可應用在搜尋引擎、資料分析、網路傳輸、資料庫管理等領域。在資訊科學上,搜尋是指從一個序列中,將指定元素的索引搜尋出來。

搜尋演算法有很多種,每種演算法的效率可能不同,對使用者而言,搜尋就是要能快速且正確地找到所要的資料,如果搜尋的資料量龐大,就需選擇較高效率的演算法。以下介紹兩種常用的搜尋演算法,循序搜尋和二分搜尋。

最簡單的搜尋方法就是從頭到尾一個一個地去搜尋,這就是循序搜尋的概念。程式設計的循序搜尋是從串列的第一個元素開始,一個接著一個,按照順序,搜尋所有元素。其演算法如下:

1. 從第一個元素開始,比較元素是否與搜尋的值相等
2. 如果相等,表示搜尋到資料,結束搜尋
3. 如果不相同,繼續往下一個元素搜尋,直到找到搜尋的值,或已經沒有資料可以搜尋

循序搜尋前,資料並不需事先排序好,例如:有一序列 40, 30, 10, 80, 66, 50, 20, 90, 70, 60,要搜尋鍵值 66,循序搜尋的過程如下圖(圖 7-3):

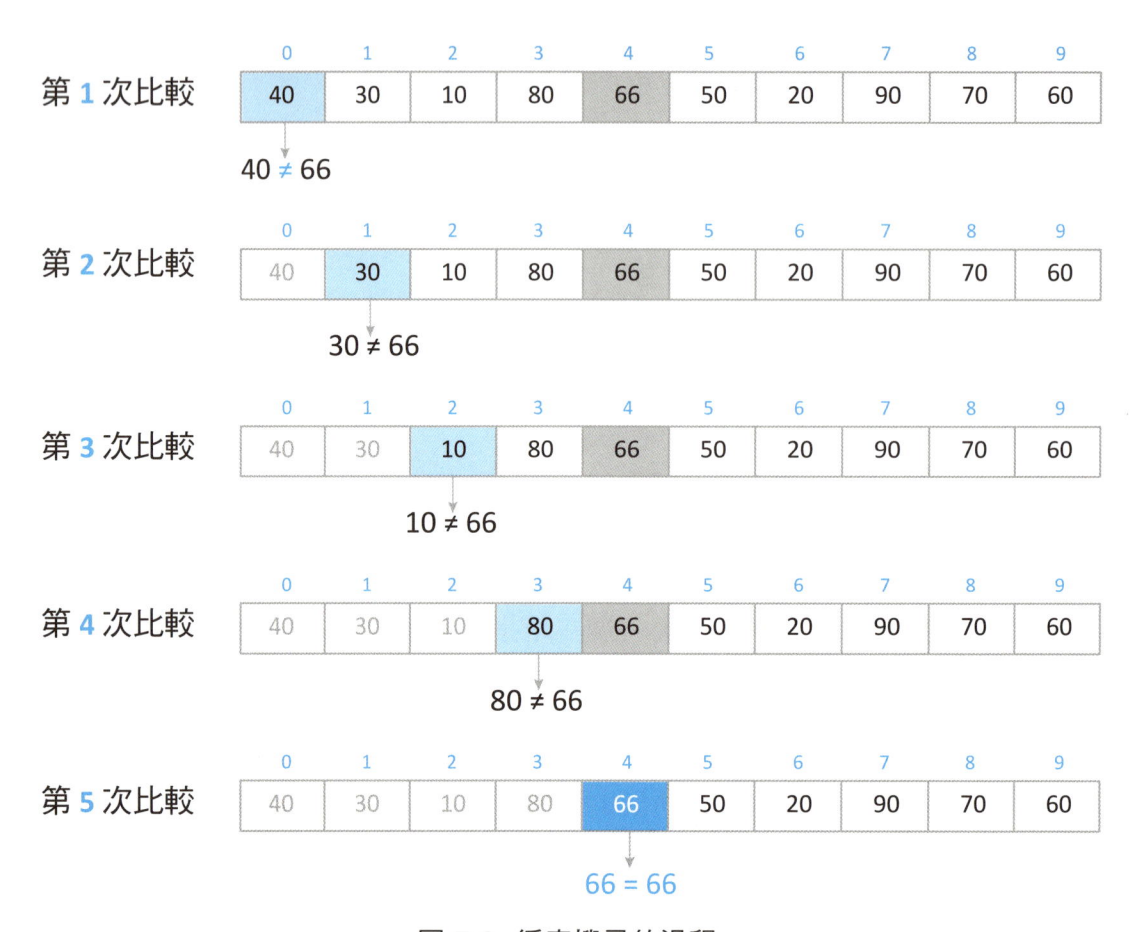

圖 7-3 循序搜尋的過程

① 比較 a[0] 是否等於 66，40 != 66，往下一個元素繼續搜尋
② 比較 a[1] 是否等於 66，30 != 66，往下一個元素繼續搜尋
③ 比較 a[2] 是否等於 66，10 != 66，往下一個元素繼續搜尋
④ 比較 a[3] 是否等於 66，80 != 66，往下一個元素繼續搜尋
⑤ 比較 a[4] 是否等於 66，66 == 66，找到鍵值是在索引 4，結束搜尋。

使用循序搜尋法搜尋 n 筆資料時，最差情形是搜尋不到資料，全部元素都要比較一次，共比較 n 次。

範例 7.2-1　循序搜尋

寫一程式,輸入搜尋的資料與鍵值後,使用循序搜尋,找出此鍵值離資料開始處最近的位置。

輸入:2 行,第 1 行是一串用空白隔開的資料,代表要搜尋的資料。第 2 行有一筆資料,代表鍵值。

輸出:1 個整數,代表鍵值的索引,若搜尋不到,輸出「沒搜尋到」。

範例一:輸入	範例一:正確輸出
6 4 2 1 3 5	4
3	

解題方法

1. 循序搜尋可使用 for 迴圈,一一檢查串列元素是否等於鍵值,如果等於鍵值,輸出此元素的索引,並結束搜尋。

   如果搜尋到最後一個元素後,仍沒搜尋到資料,輸出「沒搜尋到」。

2. 要從索引 0 開始,搜尋到索引 n - 1 的元素,所以 for 迴圈的範圍是 i = 0 ~ n - 1。

3. 使用變數 loc 表示搜尋到的索引,初始值設為 -1,表示預設未搜尋到。

   若元素 a[i] == 鍵值 key,就將索引 i 指定給 loc,輸出索引 i,並用 break 指令跳離迴圈。

4. 最後如果 loc 等於 -1,表示沒搜尋到資料,輸出「沒搜尋到」。

5. 解題演算法可設計如下:

   讀取輸入,存放到串列 a

   輸入要搜尋的鍵值 key

   搜尋到的索引 loc 預設為 -1,表示未搜尋到

執行 for 迴圈，索引 i 從 0 ~ n - 1

 如果元素 a[i] == 鍵值 key

  搜尋到的索引 loc = i

  輸出索引 i

  跳離迴圈

如果搜尋到的索引 loc == -1

 輸出「沒搜尋到」

程式設計

```python
1  a = list(map(int,input().split()))
2  key = int(input())              #輸入鍵值key
3  loc = -1                        #搜尋到的索引loc設為-1,表示尚未搜尋到
4  n = len(a)                      #串列a的長度設為n
5  for i in range(n):              #執行for迴圈,索引i從0~n-1
6      if a[i] == key:             #如果索引i的元素值==鍵值
7          loc = i                 #將尋到之元素索引loc設為i
8          print(loc)              #輸出搜尋到的索引loc
9          break                   #跳離迴圈
10 if loc == -1:                   #如果loc等於-1,表示沒搜尋到資料
11     print('沒搜尋到')
```

執行結果

20 30 40 10 60 50	1 2 3
50	0
5	沒搜尋到

7.2.2 二分搜尋

資料量很大時，循序搜尋的效能不佳，所以只適用於搜尋少量資料。例如：循序搜尋 10 億筆資料，最差情形下，要比較 10 億次，因此必須使用更有效率的搜尋演算法，讓使用者能快速找到資料。

二分搜尋（binary search）是另一種資料搜尋法，循序搜尋不需先排序好資料，但二分搜尋則需先將資料排序好。

二分搜尋的原理是將要搜尋的鍵值和中間位置的資料比較，鍵值較小，則往前半部搜尋；鍵值較大，則往後半部搜尋，直到搜尋到資料，或沒有資料可以搜尋為止。

二分搜尋的演算法如下：

1. 檢查搜尋範圍最中間位置的資料，若等於搜尋的值，表示搜尋到資料，結束搜尋。
2. 若小於中間位置的資料，表示資料位在左半部，重新設定搜尋範圍為目前搜尋範圍的左半部，往左半部搜尋。
3. 若大於中間位置的資料，表示資料位在右半部，重新設定搜尋範圍為目前搜尋範圍的右半部，往右半部搜尋。
4. 重複步驟 1～3，直到找到搜尋的值，或已經沒有資料可以搜尋為止。

例如：有一序列 10, 20, 30, 40, 50, 60, 66, 70, 80, 90，要搜尋鍵值 66，二分搜尋的過程如下，其中搜尋範圍的左邊界是 L、右邊界是 R、中間位置是 mid（圖 7-4）。

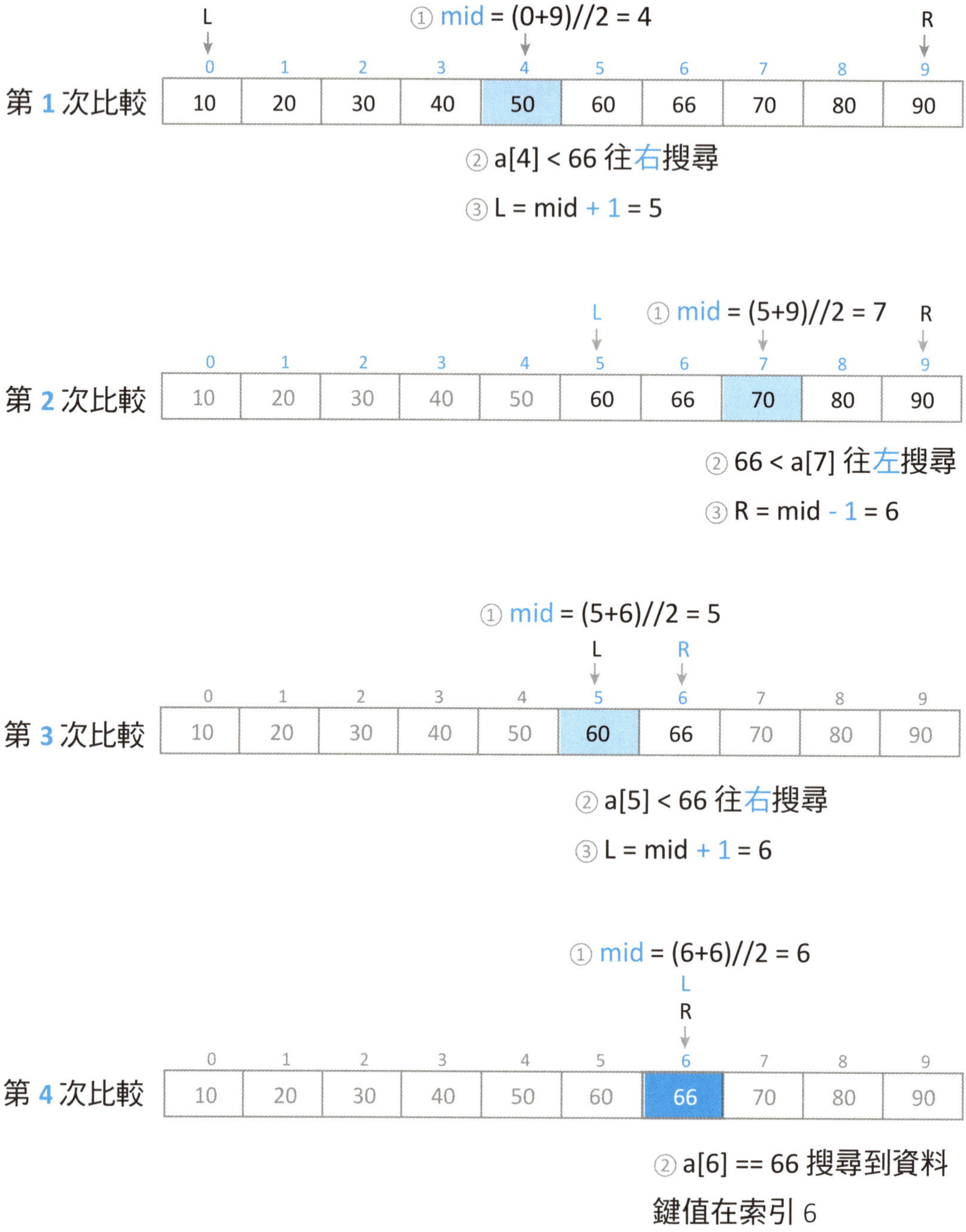

第 1 次比較

```
           L                    ① mid = (0+9)//2 = 4                R
           ↓                              ↓                         ↓
           0    1    2    3    4    5    6    7    8    9
         ┌────┬────┬────┬────┬────┬────┬────┬────┬────┬────┐
         │ 10 │ 20 │ 30 │ 40 │ 50 │ 60 │ 66 │ 70 │ 80 │ 90 │
         └────┴────┴────┴────┴────┴────┴────┴────┴────┴────┘
```

② a[4] < 66 往右搜尋

③ L = mid + 1 = 5

第 2 次比較

```
                                    L    ① mid = (5+9)//2 = 7   R
                                    ↓              ↓            ↓
           0    1    2    3    4    5    6    7    8    9
         ┌────┬────┬────┬────┬────┬────┬────┬────┬────┬────┐
         │ 10 │ 20 │ 30 │ 40 │ 50 │ 60 │ 66 │ 70 │ 80 │ 90 │
         └────┴────┴────┴────┴────┴────┴────┴────┴────┴────┘
```

② 66 < a[7] 往左搜尋

③ R = mid - 1 = 6

第 3 次比較

```
                              ① mid = (5+6)//2 = 5
                                         L    R
                                         ↓    ↓
           0    1    2    3    4    5    6    7    8    9
         ┌────┬────┬────┬────┬────┬────┬────┬────┬────┬────┐
         │ 10 │ 20 │ 30 │ 40 │ 50 │ 60 │ 66 │ 70 │ 80 │ 90 │
         └────┴────┴────┴────┴────┴────┴────┴────┴────┴────┘
```

② a[5] < 66 往右搜尋

③ L = mid + 1 = 6

第 4 次比較

```
                                   ① mid = (6+6)//2 = 6
                                              L
                                              R
                                              ↓
           0    1    2    3    4    5    6    7    8    9
         ┌────┬────┬────┬────┬────┬────┬────┬────┬────┬────┐
         │ 10 │ 20 │ 30 │ 40 │ 50 │ 60 │ 66 │ 70 │ 80 │ 90 │
         └────┴────┴────┴────┴────┴────┴────┴────┴────┴────┘
```

② a[6] == 66 搜尋到資料

鍵值在索引 6

圖 7-4 二分搜尋的過程

二分搜尋每次搜尋不到資料時，都會將搜尋範圍減少一半，例如：搜尋 8 筆資料，最差情形的搜尋過程如下：

1. 第 1 次比較，沒搜尋到資料，搜尋範圍減少為 4 筆
2. 第 2 次比較，沒搜尋到資料，搜尋範圍減少為 2 筆
3. 第 3 次比較，沒搜尋到資料，搜尋範圍減少為 1 筆
4. 第 4 次比較，比較最後一筆資料，確定搜尋不到

因為 $8 = 2^3$，所以最差情形下，使用二分搜尋演算法搜尋 8 筆資料，需比較 $3 + 1$ 次；搜尋 n 筆資料，當 n 很大時，比較次數會接近 $\log_2 n$。

當 n 不大時，循序搜尋和二分搜尋比較的次數差異不大，當 n 值很大時，如有 40 億筆資料要搜尋，循序搜尋可能需要 40 億次，二分搜尋最多只需要 32 次，因為 $2^{32} \approx 42$ 億，所以要搜尋大量資料時，可先將資料排序好，再用二分搜尋法搜尋。

循序搜尋　　　　二分搜尋

40 億次　⟶　32 次

範例 7.2-2　二分搜尋

寫一程式，輸入搜尋的資料與鍵值後，使用二分搜尋法，搜尋鍵值的索引及比較的次數。

輸入：2 行，第 1 行是一串用空白隔開的資料，代表要搜尋的資料。第 2 行有一筆資料，代表鍵值。

輸出：2 行，各 1 個整數，代表鍵值的索引和比較的次數，若搜尋不到，輸出「沒搜尋到」。

範例一：輸入	範例一：正確輸出
1 2 3 4 5 6 7 8 9	8
9	4

7-17

解題方法

1. 二分搜尋會反覆檢查搜尋範圍內的中間元素是否等於搜尋的值,因此可使用 while 迴圈來設計。

2. 設計 while 迴圈

    當搜尋範圍的左邊界索引 L <= 最右邊界索引 R,表示搜尋範圍內還有元素,要執行迴圈,繼續搜尋,所以 while 敘述可設計為

    while L <= R:

3. 每次迴圈要先計算搜尋範圍中間位置的索引 mid = (L + R) // 2。

    如果 a[mid] == key,表示搜尋到資料,跳離迴圈,停止搜尋。

    否則如果 a[mid] > key,表示鍵值可能在左半部,所以 R = mid - 1。

    否則(如果 a[mid] < key),表示鍵值可能在右半部,所以 L = mid + 1。

4. 最後如果 L > R,表示左右邊界已交叉過,仍找不到資料,回傳找不到鍵值。

5. 解題演算法可設計如下:

    讀取輸入,轉為整數,存在串列 a

    輸入要搜尋的鍵值 key

    比較次數 c 初始值設為 0

    設定左邊界 L 為 0,右邊界 R 是串列長度 - 1

    當 L <= R 時,執行重複結構

    　　比較次數 c + 1

    　　中間位置的索引 mid = (L + R) // 2

    　　如果中間位置的值 a[mid] == 鍵值 key

    　　　　輸出中間位置的索引 mid

    　　　　跳離迴圈

否則如果中間位置的值 a[mid] > 鍵值 key

　　往左半部搜尋，右邊界 R 設為 mid - 1

否則如果中間的值比鍵值小

　　往右半部搜尋，左邊界 L 設為 mid + 1

如果 L > R

　　輸出沒搜尋到資料

　　輸出比較的次數 c

程式設計

```
1  a = list(map(int,input().split()))   #讀取輸入，轉成整數，存放到串列a
2  key = int(input())                   #輸入鍵值key
3  c = 0                                #比較次數c設為0
4  L, R = 0, len(a) - 1                 #設定左邊界L為0，右邊界是串列長度-1
5  while L <= R:                        #當L<=R時
6      c = c + 1                        #比較次數c+1
7      mid = (L + R) // 2               #中間位置的索引mid=(L+R)//2
8      if a[mid] == key:                #如果中間位置的值a[mid]==key
9          print(mid)                   #輸出mid
10         break                        #跳離迴圈
11     elif a[mid] > key:               #否則如果a[mid]>key
12         R = mid - 1                  #往左半部搜尋，R設為mid-1
13     else:                            #否則
14         L = mid + 1                  #往右半部搜尋，L設為mid+1
15 if L > R:                            #如果L>R
16     print('沒搜尋到')                 #輸出沒搜尋到資料
17 print(c)                             #輸出比較的次數c
```

7-19

執行結果

```
10 20 30 50 100 1000 10000      1 2 3 4 5 6 7 8 9
10000                            10

6                                沒搜尋到
3                                4
```

7.3　二維串列

7.3.1 認識二維串列

多個變數可組成一個一維串列，多個一維串列可組成一個二維串列（圖 7-5）。

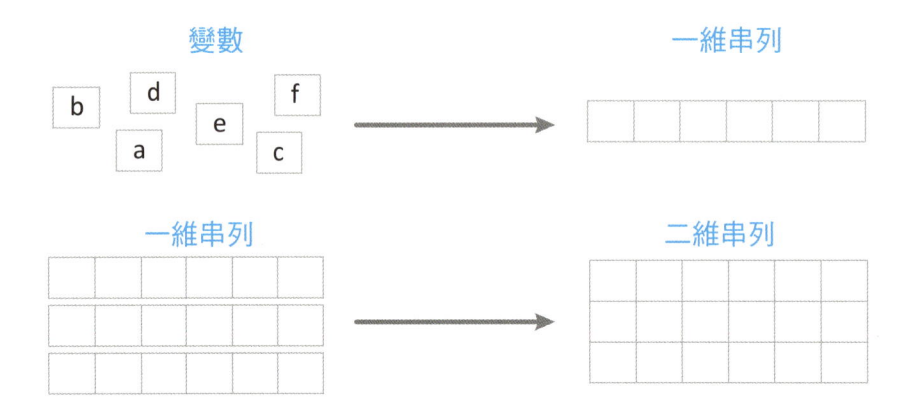

圖 7-5　多個變數可組成一維陣列，多個一維串列可組成二維串列

例如：下表是 4 位同學 3 學科的成績，每位同學的成績可使用一個一維串列來表示，有 4 位同學所以共 4 列，也就是使用 4 個一維串列來儲存，每位同學有 3 學科成績，所以每個一維串列有 3 個元素。

如右下的串列，此表可用串列 a 存放 1 號的成績，串列 b 存放 2 號的成績，串列 c 存放 3 號的成績，串列 d 存放 4 號的成績。

座號	國文	英文	數學
1	80	90	50
2	90	60	80
3	90	70	90
4	60	80	90

a = [80, 90, 50]
b = [90, 60, 80]
c = [90, 70, 90]
d = [60, 80, 90]

使用一維串列來表示這些表格式資料，要計算每位人或每科成績的總分、平均、最高分、最低分等，處理起來會較複雜，特別是人數或科目很多的時候。

上例的表格共有 12（4 × 3）筆成績，可改用一個二維串列來儲存。使用二維串列來表示表格式資料時，使用 for 雙重迴圈處理，非常方便。

一維串列只使用一個索引；二維串列類似數學的矩陣，使用兩個索引，橫的是 列索引，直的則是 行索引，也就是 橫列直行。上例中，可用學生的座號為列索引，各科代碼為行索引，以二維串列來存放成績（圖 7-6）。

列索引

0
0	1	2
80	90	50

[80, 90, 50]

1
0	1	2
90	60	80

[90, 60, 80]

2
0	1	2
90	70	90

[90, 70, 90]

3
0	1	2
60	80	90

[60, 80, 90]

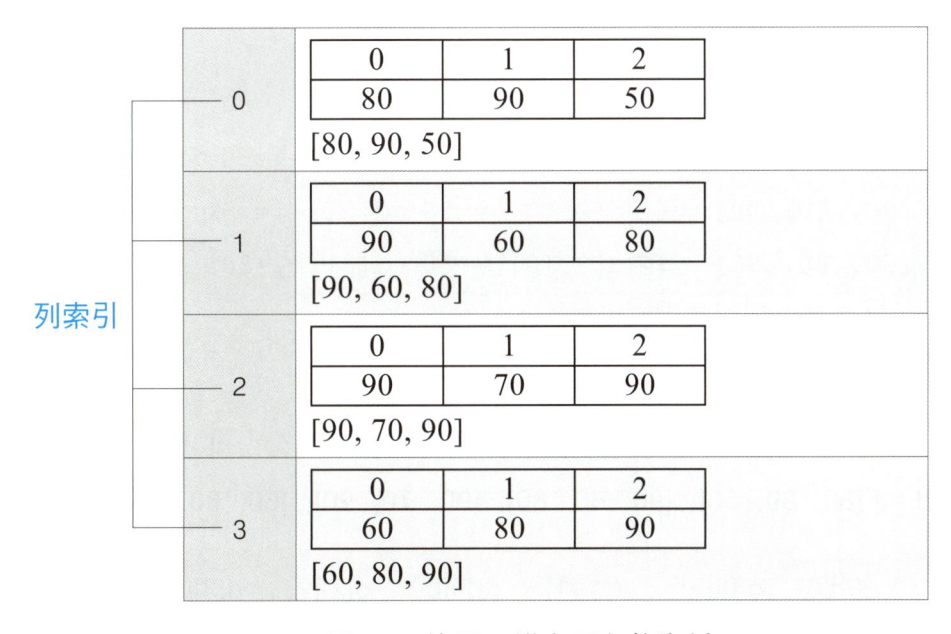

圖 7-6　使用二維串列存放資料

7.3.2 二維串列的表示

二維串列是由多個一維串列組成的,表示二維串列的語法如下:

```
二維串列的名稱 = [
[第 0列一維串列],
[第 1列一維串列],
[第 2列一維串列],
..........
]
```

上例的成績表使用二維串列 d,可表示為:

```
d = [
[80, 90, 50],
[90, 60, 80],
[90, 70, 90],
[60, 80, 90]
]
```

串列 d 是一個 4 × 3 的二維陣列,有 4 列(row)3 行(column)資料。串列 d 是由 4 個大小為 3 的一維串列組成的,分別是

```
d  = [d[0], d[1], d[2], d[3]]
d[0] = [80, 90, 50],其中d[0][0] = 80,d[0][1]=90,d[0][2] = 50
d[1] = [90, 60, 80],其中d[1][0] = 90,d[1][1]=60,d[1][2] = 80
d[2] = [90, 70, 90],其中d[2][0] = 90,d[2][1]=70,d[2][2] = 90
d[3] = [60, 80, 90],其中d[3][0] = 60,d[3][1]=80,d[3][2] = 90
```

串列 d 也可以寫成一行,每個元素的相對位置如下:

```
                d[0]          d[1]          d[2]          d[3]
        d = [ [80, 90, 50], [90, 60, 80], [90, 70, 90], [60, 80, 90] ]
              d[0][0]  d[0][2]  d[1][1]  d[2][0]  d[2][2]  d[3][1]
                 d[0][1]  d[1][0]  d[1][2]  d[2][1]  d[3][0]  d[3][2]
```

若以二維的表格來看，串列 d 每個元素索引的相對位置如下（圖 7-7）：

		行 0	行 1	行 2
列 0	d[0]	80 d[0][0]	90 d[0][1]	50 d[0][2]
列 1	d[1]	90 d[1][0]	60 d[1][1]	80 d[1][2]
列 2	d[2]	90 d[2][0]	70 d[2][1]	90 d[2][2]
列 3	d[3]	60 d[3][0]	80 d[3][1]	90 d[3][2]

圖 7-7 二維串列每個元素索引的相對位置

存取二維串列元素時，可使用串列名稱及行索引和列索引，例如：元素 d[1][2] 的列索引是 1，行索引是 2。

列索引 row
↓
d[1][2]
↑
行索引 column

一個 m × n（m 列 n 行）的二維串列 a，第 i 列第 j 行的元素是 a[i - 1][j - 1]，其中 i 的範圍是 0 ~ m - 1，j 是 0 ~ n - 1（圖 7-8）。

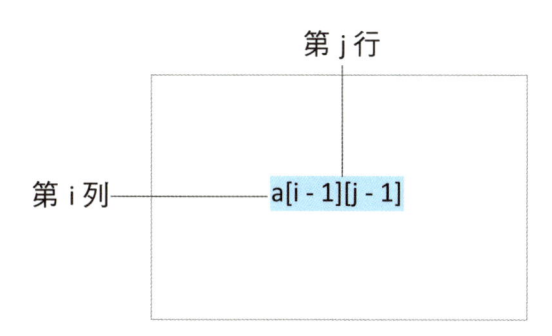

第 j 行
第 i 列 —— a[i - 1][j - 1]

圖 7-8 二維串列第 i 列第 j 行的元素是 a[i - 1][j - 1]

使用二維串列解題時，常會用到某一元素及其相鄰元素，以 a[i][j] 為例，其上下左右元素的索引如下圖所示（圖 7-9）。

	a[i -1][j]	
a[i][j -1]	a[i][j]	a[i][j+1]
	a[i+1][j]	

圖 7-9 二維串列元素及其相鄰元素的索引

上例中，串列 d 每列的最後一個元素會接到下一列的第一個元素，例如：d[0][2] 後面是 d[1][0]；d[1][2] 後面是 d[2][0]。因為串列每列有 3 個元素，所以每列的第一個元素和下一列的第一個元素相距 3 個位移量（圖 7-10）。

d[0][0] ⟶ d[0][1] ⟶ d[0][2]
d[1][0] ⟶ d[1][1] ⟶ d[1][2]
d[2][0] ⟶ d[2][1] ⟶ d[2][2]
d[3][0] ⟶ d[3][1] ⟶ d[3][2]

圖 7-10 二維串列元素排列的順序

串列的維度可以是一維或二維，也可以是三維、四維或以上。二維以上的串列均屬多維串列。多維串列僅是一個抽象的概念，實際上使用簡單的串列，也可以達到多維串列的功能。

小試身手

執行以下程式，輸出為何？

```
a = [[1, 2, 3], [4, 5, 6]]
print(a[1])
print(a[0][2])
b = a[0]
```

```
a[0][1] = 7
print(b)
b[2] = 9
print(a[0])
print(b)
```

7.3.3 輸入與輸出

要將輸入的表格式資料讀到二維串列，可先寫出讀取一列資料的指令，再讀取各列資料。例如：將以下資料讀到一個整數二維串列 a。

0 1 2 3

4 5 6 7

8 9 10 11

① 讀取一列資料 list(map(int, input().split()))

② 重複執行步驟① r 次，讀取各列資料

```
r = 3
a = [list(map(int, input().split())) for _ in range(r)]
```

以下敘述可以將表格式資料，讀到二維串列 a（圖 7-11）。

輸入字串				整數串列
0	1	2	a = [list(map(int, input().split())) for _ in range(r)]	[[0, 1, 2],
3	4	5		[3, 4, 5],
6	7	8	讀取一列資料　　重複讀取 r 次	[6, 7, 8]]

圖 7-11 將表格式資料讀到二維串列

輸出二維串列的方法有以下幾種：

1. 輸出整個串列

```
print(串列名稱)
```

2. 輸出子串列

```
print(*串列名稱)
```

例如：

```
a = [[1, 2, 3], [4, 5, 6]]
print(a)              #輸出整個串列[[1, 2, 3], [4, 5, 6]]
print(*a)             #輸出串列a的子串列[1, 2, 3] [4, 5, 6]
```

3. 輸出元素

輸出二維串列的元素，可逐列、逐個元素或使用索引輸出。

(1) 逐列輸出

使用 for 迴圈依序讀取每一列，每列都是一個一維串列，可用 * 打散後輸出。

```
a = [[1, 2, 3], [4, 5, 6]]
for r in a:           #依序取出串列a的一列子串列r
    print(*r)         #將一維串列r打散後再輸出，輸出1 2 3和4 5 6兩行
```

(2) 逐個元素輸出

使用 for 雙重迴圈，外迴圈控制列，內迴圈控制行，依序輸出二維串列的每個元素。注意，每輸出完一列，需換行輸出。

```
a = [[1, 2, 3], [4, 5, 6]]
for r in a:                         #依序取出a的一列元素r
    for e in r:                     #依序取出r的一個元素e
        print(e, end=' ')           #輸出e
    print()                         #輸出完一列後，需換行
```

程式執行的過程如下圖：

❶ 外迴圈，取出串列第 1 列 r
　內迴圈
　　❶ 取出 r 的第 1 個元素 1
　　❷ 取出 r 的第 2 個元素 2
　　❸ 取出 r 的第 3 個元素 3

❷ 外迴圈，取出串列第 2 列 r
　內迴圈
　　❹ 取出 r 的第 2 個元素 4
　　❺ 取出 r 的第 2 個元素 5
　　❻ 取出 r 的第 3 個元素 6

(3) 使用索引輸出

以輸出 m × n 的二維串列 d 為例：

1. 輸出第 1 列 r = 0 的元素 d[0][0], d[0][1], d[0][2], …… d[0][n - 1]。

此列元素的行索引從 0 到 n - 1，可使用 for 迴圈輸出

```
for c in range(n):
    print(d[0][c], end = '')
```

2. 輸出第 2 列 r = 1 的元素 d[1][0], d[1][1], d[1][2],…… d[1][n -1]

   輸出第 3 列 r = 2 的元素 d[2][0], d[2][1], d[2][2],…… d[2][n -1]

   …………

   輸出第 m 列 r = m-1 的元素 d[m-1][0], d[m-1][1], d[m-1][2],… d[m-1][n-1]

3. 共輸出 m 列，所以可在步驟 1 的迴圈外，加一個層外迴圈，讓列索引 r 從 0 到 m - 1，且每輸出完一列，就換行輸出。

```
for r in range(m):
    for c in range(n):
        print(d[r][c], end = '')
    print()
```

以上程式執行的過程如下圖：

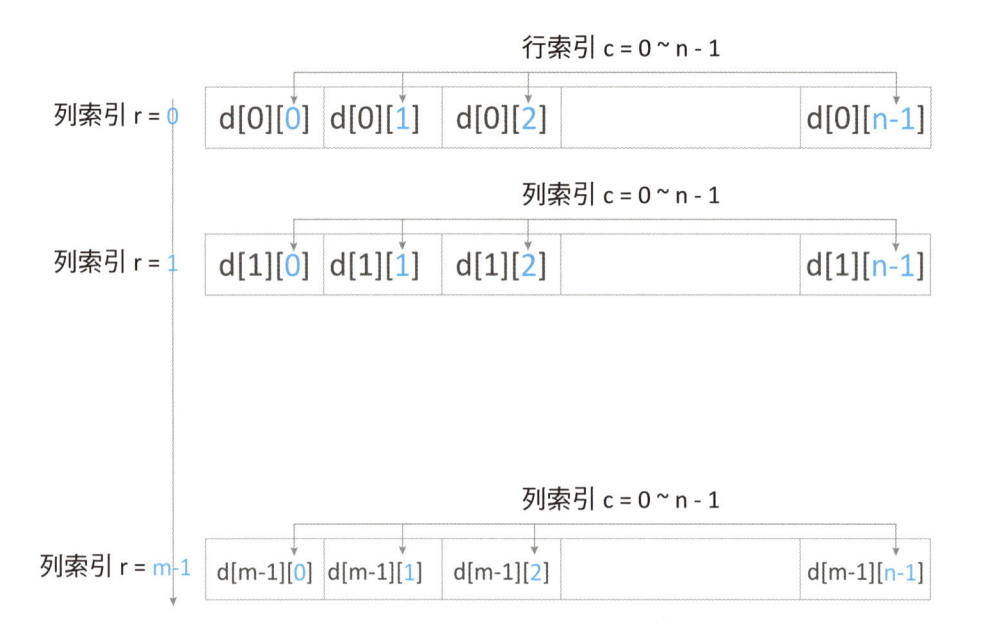

```
                    行索引 c = 0 ~ n - 1
列索引 r = 0   d[0][0]  d[0][1]  d[0][2]       d[0][n-1]

                    列索引 c = 0 ~ n - 1
列索引 r = 1   d[1][0]  d[1][1]  d[1][2]       d[1][n-1]

                    列索引 c = 0 ~ n - 1
列索引 r = m-1 d[m-1][0] d[m-1][1] d[m-1][2]    d[m-1][n-1]
```

要輸出二維串列 a，可使用 for 雙重迴圈，外迴圈控制列索引 r（0 ~ m - 1），內迴圈控制行索引 c（0 ~ n - 1），使用兩個索引，依序輸出元素 a[r][c]。

```
a = [[1,2,3], [4,5,6]]
for r in range(len(a)):          #列索引r從0到len(a)-1
    for c in range(len(a[0])):   #行索引c從0到len(a[0])-1
        print(a[r][c], end ='')  #輸出元素a[r][c]
    print()                      #輸出完一列後，需換行
```

以上程式執行的過程如下圖：

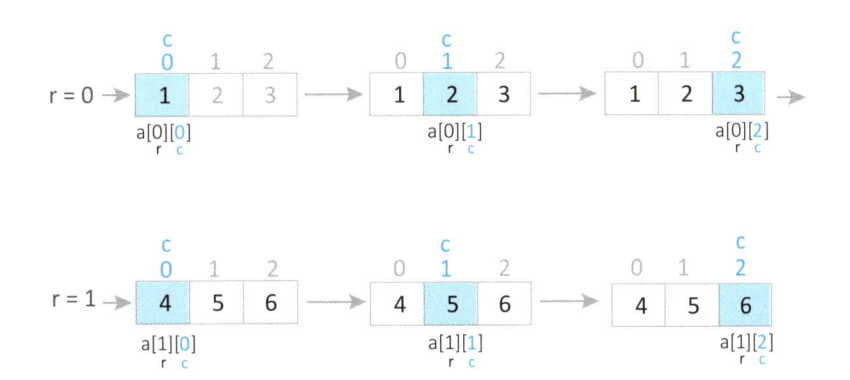

範例 7.3-1　計算學生總分與平均

寫一程式，輸入學生人數和成績後，計算並輸出每位學生的總分與平均，平均取至小數第 1 位。

輸入：第 1 列有 1 個整數，代表 m 位學生，接下來有 m 列資料，每列有 n 個整數，代表 n 科成績。

輸出：共 m 列，每列有 n 個成績，及計算出的總分與平均。

範例一：輸入	範例一：正確輸出
4	80 90 50 80 63 363 72.6
80 90 50 80 63	92 82 72 62 51 359 71.8
92 82 72 62 51	89 79 59 68 68 363 72.6
89 79 59 68 68	68 88 53 87 47 343 68.6
68 88 53 87 47	

解題方法

1. 本題要計算表格式資料,可將成績讀到一個二維串列,再使用 for 迴圈,逐一取出每列成績,計算總分後,總分 / 科目數,就是平均。

2. 先讀取學生數 m 後,再將成績讀到二維串列 s。

3. 使用 for 迴圈,依序讀取二維串列 s 的一列成績 r。

   r 是一維串列,所以總分是 sum(r)。

   平均是總分 / 科目數,科目數是一維串列 r 的長度 len(r),因此平均是 sum(r) / len(r)。

4. 解題演算法可設計如下:

   讀取學生數 m

   將成績讀到二維串列 s

   執行 for 迴圈,依序取出 s 的一列元素 r

   　　輸出 r

   　　輸出總分 sum(r) 及平均 sum(r) / len(r)

程式設計

```
1  m = int(input())                              #讀取學生數m
2  s = [list(map(int,input().split())) for i in range(m)]
3  for r in s:                                   #依序取出s的一列串列r
4      print(*r, end='')                         #輸出各科成績
5      print(f'{sum(r)}{sum(r) / len(r):.1f}')   #輸出總分與平均
```

執行結果

```
3
85 60 50
69 88 71
```

```
50 55 40

85 60 50 195 65.0
69 88 71 228 76.0
50 55 40 145 48.3
```

> 說明

注意，*r 不能使用在 f 字串，也就是 print(*r) 不能寫成 print(f'{*r}')，否則會發生錯誤。

7.4 APCS實作題

範例 7.4-1　數字遊戲（202206 APCS 第 1 題）

給定 3 個 1～9 的整數，先輸出數字中出現最多次的次數，再去除重複的數字後，由大到小輸出。

例如：輸入 1 3 3，3 出現最多次，有 2 次，所以先輸出 2。去除重複的 3 後，變成 1 3，由大到小輸出 3 1，最後輸出 2 3 1。

輸入：3 個 1～9 的整數。

輸出：若干個用空白隔開的整數，第 1 個是出現最多次的次數，之後是去除重複後，由大到小輸出。

範例一：輸入	範例二：輸入
6 6 6	4 1 8
範例一：正確輸出	範例二：正確輸出
3 6	1 8 4 1

> **解題方法**

1. 本題需完成「找出出現最多次」、「去除重複」、「由大到小反向排序」3 個子問題。

2. 可先將 3 數讀到串列，反向排序後，去除重複後，再輸出。

3. 去除重複可使用迴圈，逐一檢查每一個元素的個數是否 > 1，若是，將此元素移除。找出串列 L 元素 e 的個數可使用 L.count(e)，移除元素可用 L.remove(e)。

4. 串列 a 有 3 個元素，去除重複後有 len(a) 個，重複次數 = 3 - len(a) + 1，+1 是因為串列內重複的數字還有 1 個，所以出現最多的次數是 4 - len(a)。

5. 解題演算法可設計如下：

   讀取 3 數，轉成整數串列，反向排序後，指定給 a

   使用迴圈逐一取出串列 a 的元素 i

       若串列 a 元素 i 的個數 > 1

           移除元素 i

   輸出 4 - len(a) 及串列 a 的元素

6. 以題目內範例的輸入為例：

   (1) 輸入 [1, 3, 3]，反向排序，變成 [3, 3, 1]。

   (2) 執行 for 迴圈，先取出元素 3，3 的個數是 2，所以移除 1 個，變成 [3, 1]。

   (3) 再執行迴圈，依序取出元素 3 和 1。3 和 1 的個數是 1，所以不移除元素。

   (4) 先輸出出現最多次數 4 - len([3, 1]) = 2，再輸出串列 a 的元素 3 1。

程式設計

```
1                        #讀取輸入的3數,將字串轉成整數串列,反向排序後,指定給串列a
2 a = sorted(list(map(int,input().split())), reverse = True)
3 for i in a:             #逐一取出串列a的元素i
4     if a.count(i) > 1:  #若串列a元素i的個數>1
5         a.remove(i)     #移除元素i
6 print(4 - len(a), *a)   #輸出4-len(a)及串列a的元素
```

執行結果

1 2 3	1 1 3	2 2 2
1 3 2 1	2 3 1	3 2

範例 7.4-2　最大和（201610 APCS 第 2 題）

有 n 群數字，每群有 m 個正整數。寫一程式，從每群各選一個數字，使其總和 s 最大，並輸出可整除 s 的數字。

輸入：若干行，第 1 行有 2 個正整數 n 和 m，接下來有 n 行，每一行有 m 個正整數。

輸出：第 1 行輸出最大和 s，第 2 行依選取之順序，輸出可整除 s 者，數字間以一個空白隔開，最後一個數字後無空白，若全都不能整除，輸出 -1。

範例一：輸入	範例二：輸入
3 2	4 3
4 5	6 3 1
5 5	2 7 8
1 1	4 9 1
	8 5 3

7-33

範例一：正確輸出
11
1

範例二：正確輸出
31
-1

解題方法

1. 要從每群各選一個數字，使總和 s 最大，應挑選每群之最大數。

2. 可將每群之最大數，存放到串列中，再使用迴圈逐一判斷選出的數字是否可以整除 s。

3. 以範例一的輸入為例，依序挑選 5, 5, 1，總和 s = 11，可整除 s 的是 1，所以輸出 11 和 1。

4. 因為輸出的最後一個數字後要無空白，所以將可以整除的數字，存到另外一個串列，最後再使用 print(* 串列) 輸出。

5. 解題演算法可設計如下：

    讀取輸入的 n 群和每群 m 個整數，因程式不會用到 m，可用 _ 替代

    使用串列 b 存放各群之最大數，初始值為空串列 []

    執行 for 迴圈 n 次

        讀取一群數字到串列 a

        找出串列 a 之最大數，並附加到串列 b

    總和 s = sum(串列 b)

    使用串列 f 存放串列 b 內可整除總和 s 的數，初始值為空串列 []

    執行 for 迴圈，依序取出串列 b 的元素 i

        如果總和 s 能被 i 整除，將 i 附加到串列 f

    如果 f 等於空串列

        print(-1)

否則

  print(*f)

程式設計

```
1  n, _ = map(int,input().split())         #讀取輸入的n群和每群m個
2  b = []                                   #串列b存放各群之最大數,初始值為[]
3  for i in range(n):                       #執行迴圈n次
4      a = list(map(int,input().split()))   #讀取一群數字到串列a
5      b.append(max(a))                     #將串列a之最大數附加到串列b
6  s = sum(b)                               #計算串列b的總和
7  print(s)                                 #輸出總和
8  f = []                                   #串列f存放b可整除s的數,初始值[]
9  for i in b:                              #逐一取出串列b的元素i
10     if s % i == 0:                       #若總和s能被i整除
11         f.append(i)                      #將i附加到串列f
12 if f == []:                              #若f是空串列
13     print(-1)                            #輸出-1
14 else:
15     print(*f)                            #輸出f所有元素
```

執行結果

```
3 6
1 2 3 4 5 6
7 8 9 10 11 12
13 14 15 16 17 18

36
6 12 18
```

```
5 5
15 20 25 30 10
3 9 16 11 10 7
5 5 5 5 5
101 109 38 107 66
91 58 61 28 11

251
-1
```

學習挑戰

一、選擇題

1. n 筆資料進行氣泡排序，第 i 次循環會比較幾次？
   (A) n - i - 2 　　　　　　　　(B) n - i - 1
   (C) n - i 　　　　　　　　　　(D) (n - i) / 2

2. 有 10 筆資料，使用循序搜尋，最壞情形下，要比較幾次？
   (A) 10 　　　　　　　　　　　(B) 9
   (C) 4 　　　　　　　　　　　 (D) 11

3. 下列何者適合使用二分搜尋？
   (A) [20, 30, 50, 60, 40, 70] 　　(B) [1, 3, 5, 7, 0, 2, 4, 6]
   (C) [1, 1, 10, 1, 1] 　　　　　　(D) [1, 2, 3, 4, 5, 6]

4. 有 1,000 筆資料，使用二分搜尋，最壞情形下，要比較幾次？
   (A) 11 　　　　　　　　　　　(B) 10
   (C) 9 　　　　　　　　　　　 (D) 1,000

5. 二分搜尋的程式中，若搜尋範圍最左邊元素的索引是 L，最右邊的索引是 R，程式執行完後，下列哪一個條件式成立時，表示沒有搜尋到資料？
   (A) L == R 　　　　　　　　　(B) L > R
   (C) L < 0 or R < 0 　　　　　　(D) L < R

6. 有一序列 1, 2, 3, 4, 5, 6, 7, 8, 9，使用二分搜尋法，搜尋下列哪一個數的比較次數最多？
   (A) 1 　　　　　　　　　　　 (B) 4
   (C) 6 　　　　　　　　　　　 (D) 8

7. 執行以下程式，輸出為何？

    ```
    a = range(8)
    a = sorted(a, reverse = True)
    print(a[1] + a[3])
    ```

    (A) 6 　　　　　　　　　　　(B) 4

    (C) 10 　　　　　　　　　　 (D) 8

8. 執行以下程式，輸出為何？

    ```
    a = ['Apple', 'Dog', 'Cat']
    a.sort(key = len)
    print(a)
    ```

    (A) ['Apple', 'Cat', 'Dog'] 　　　(B) ['Cat', 'Apple', 'Dog']

    (C) ['Dog', 'Cat', 'Apple'] 　　　(D) ['Cat', 'Dog', 'Apple']

9. 執行以下程式，輸出為何？

    ```
    a = [1, 3, 5, 7, 9, 8, 6, 4, 2]
    n = 9
    for i in range(n):
        a[i], a[n - i - 1] = a[n - i - 1], a[i]
    for i in range(n // 2):
        print(a[i], a[n - i - 1], end = ' ')
    ```

    (A) 2 4 6 8 9 7 5 3 　　　　(B) 1 3 5 7 9 2 4 6

    (C) 1 2 3 4 5 6 7 8 　　　　(D) 2 4 6 8 5 1 3 7

10. 若 a = [[1, 2, 3], [5, 6], [9, 0]]，a[1][1] 值為何？

    (A) 6 　　　　　　　　　　　(B) 5

    (C) 1 　　　　　　　　　　　(D) 0

11. 一個 5 × 4 的二維串列 a，元素 a[0][3] 的後面是哪一個元素？

    (A) a[0][4] 　　　　　　　　(B) a[1][3]

    (C) a[1][4] 　　　　　　　　(D) a[1][0]

12. 若有一個 5 × 4 的二維串列 a，下列敘述何者不正確？

    （A）有 20 個元素 　　　　　（B）元素有 5 列 4 行

    （C）最後一個元素是 a[5][3]　（D）a[3] 是一個一維串列

13. 執行以下程式，輸出為何？

    ```
    a = [[3, 4, 5, 1], [6, 6, 7, 2]]
    t = a[0][0]
    for r in range(len(a)):
        for c in range(len(a[r])):
            if t < a[r][c]:
                t = a[r][c]
    print(t)
    ```

    （A）3　　　　　　　　　　　（B）5

    （C）6　　　　　　　　　　　（D）7

14. 執行以下程式，輸出為何？

    ```
    a = [10, 20, 30,[40]]
    b = list(a)
    a[3][0] = 0
    a[1] = 2
    print(b)
    ```

    （A）[10, 2, 30, [0]]　　　　（B）[10, 2, 30, [40]]

    （C）[10, 2, 30, 0]　　　　　（D）[10, 20, 30, [40]]

15. 執行以下程式，輸出為何？

    ```
    a = [[3, 4, 5, 1], [7, 6, 8, 2]]
    for r in a:
        r.sort(reverse = True)
        for e in r:
            print(e, end = ' ')
        print()
    ```

    （A）1 列，1 3 4 5 2 6 7 8　　（B）1 列，8 7 6 5 4 3 2 1

    （C）2 列，1 3 4 5 和 2 6 7 8　（D）2 列，5 4 3 1 和 8 7 6 2

16. 執行以下程式，輸出為何？

    ```
    a = [[1, 2], [3, 4, 5, 6], [7, 8], [9]]
    print(max(a, key = sum))
    ```

    (A) 9   (B) 18

    (C) [9]   (D) [3, 4, 5, 6]

二、應用題

1. 以下關於氣泡排序法

    (1) n 筆已排好序的資料，會進行多少次兩數交換？

    (2) 參考問題 (1)，說明提高效能的方法，並將它寫成程式。

2. 一數列為 30, 40, 50, 55, 65, 75, 80, 85，假設使用二分搜尋法尋找 50，要比較過哪些數字才能找到答案？並寫一程式，驗證看看。

3. 插入排序是每次從未排序的資料中，挑選出一個，插入到已排好序的資料中，直到所有的資料都已排序完成。例如：排序 5 2 4 6 1 3

    (1) 取第一個數 5 排序

    (2) 取第二個數 2 排序，把 2 插到 5 的前面，得到 2 5

    (3) 取第三個數 4 排序，把 4 插到 2 5，得到 2 4 5

    依此類推，直到所有資料都排序完成

    寫一個插入排序的程式。

4. 選擇排序是在未排序的資料中，找到最小者，放到已排好序資料的開頭，再從剩餘未排序的資料中，繼續尋找最小元者，放到已排序資料的尾端，直到所有的資料都已排序完成。例如：排序 5 2 4 6 1 3

    (1) 取最小數 1 排序

    (2) 從未排序的 5 2 4 6 3 中，取最小數 2，放到 1 尾端，得到 1 2

    (3) 從未排序的 5 4 6 3 中，取最小數 3，放到 1 2 尾端，得到 1 2 3

依此類推，直到所有資料都排序完成

寫一個選擇排序的程式。

5. 寫一程式，輸入一串已排序好的整數，再輸入一個搜尋值，使用二分搜尋，輸出 <= 搜尋值之最大值的索引。

   例如：輸入 1 3 5 7 9 11 及搜尋值 2 時，<= 2 的最大值是 1，所以輸出元素 1 的索引 0。

6. 承上題，輸出 >= 搜尋值之最小值的索引。

7. 寫一程式，輸入一串已排序好的整數，再輸入一個搜尋值，使用二分搜尋，輸出搜尋值的索引，若有多個相同的整數，輸出最小索引，若搜尋不到，輸出「沒搜尋到」。

   例如：輸入 1 2 3 3 3 5 7 9 11 及搜尋值 3 時，輸出元素 3 最小的索引 2。

8. 一個有 n 個整數的序列，相鄰兩數之差的絕對值序列是 1 到 n - 1，稱為 jolly jumper。例如：1 2 4 1 5，相鄰 2 數差的絕對值為 1, 2, 3, 4，所以是 jolly jumper（n = 5）。

   寫一程式，輸入一串整數，第一個正整數為 n（n < 100），代表此整數序列的長度，判斷此整數序列是否為 jolly jumper。(d097)

9. 寫一程式，輸入整數 n 後，依序用數字 0, 1, 2, 3, …… n * n - 1，創建一個大小為 n × n 的二維串列，並輸出所建立的串列。

08

函式

本章學習重點

- 認識函式
- 自訂函式

本章學習範例

- 範例 8.2-1 整數的位數

8.1 認識函式

8.1.1 模組化程式設計

程式是用來解決真實世界的問題,解決這些問題的程式遠比書中的程式複雜得多,且需要多人合作共同完成,設計好的程式也會需要進行維護。

設計大程式時,一般不會把程式碼全都寫在主程式,通常會將其主要功能細分為許多功能獨立的模組(module),若細分後的模組仍然複雜,就會往下繼續細分,直到每個模組的大小適宜,各自功能的程式很容易撰寫。設計好小模組的程式後,會將它們組成成較大的程式,再將較大的程式逐一組成解決問題的完整程式,這就是模組化程式設計的概念。

設計程式時,應該採用模組化設計,它具有以下優點:

1. 模組可重複使用:功能單純的小模組設計完成後,可重複使用,或組合起來解決不同的問題。
2. 易於分工:複雜的程式分成模組後,不同的設計者可負責不同的模組,易於團隊分工合作。
3. 易於測試與除錯:小模組的功能較簡單,所以較容易測試與除錯。
4. 簡化維護的工作:透過維護各別模組的方式,可簡化程式維護的工作。

8.1.2 函式的概念

程式中常會需要在許多位置執行相同的程式片段,例如:有一段程式碼在程式內 20 個地方會用到,如果用複製貼上的方式,將相同的程式碼貼到這 20 個位置,若之後要修改這一段程式碼,就需要修改 20 個地方,程式會很難維護,可讀性與擴充性也會很差。

撰寫程式時，可將重複出現或特定功能的程式獨立出來，編寫成一個程式單元，給予特定的名稱，需要使用時，再隨時呼叫，這樣的程式單元就是函式（functions），所以程式內多個地方執行的共同程式碼，就可以設計成函式。

實際上，撰寫第一個程式時，就已經用過函式，input(), print(), int(), float(), str(), range() 等都是函式，變數名稱後加上 () 的指令，都是函式。

函式 function 的意思是功能，例如：print() 函式的功能是輸出，input() 函式的功能是輸入，int() 函式的功能是轉成整數。

函式可實現程式的模組化，其定義如下：

> 一組具有名稱，可達成特定功能的程式碼，能讓程式從某一位置呼叫執行。

使用工具前，要將工具先準備好，需要時，再拿出來使用。設計函式就像準備工具，呼叫函式就像拿出準備好的工具來使用。

函式一般可分為內建函式和自訂函式。前面使用過的函式都是系統已經寫好的內建函式，使用時只要直接呼叫即可，不需自己設計函式的內容。

若找不到對應的內建函式可使用，可自行預先定義函式，設計好所需的功能，需要時，再呼叫來使用，由設計者自行設計的函式就是自訂函式。

8.1.3 內建函式

以下是之前介紹過的內建函式，大家可以回想一下這些函式的功能。

chr()	dir()	float()	help()	input()
int()	len()	list()	map()	max()
min()	ord()	print()	range()	reversed()
sorted()	str()	sum()		

下表是一些內建函式，若有需要，可以使用 help(函式名稱) 進一步了解。

abs(x)	回傳 x 的絕對值 abs(-5.6) 回傳 5.6
eval(字串)	將一行字串轉成程式執行，回傳執行的結果。 eval('print(''Hi'')')　　　　　　# 等同執行 print('Hi')，所以會輸出 Hi r = eval('2 + 3 * 4')　　　　　# 執行運算式 2 + 3 * 4，所以 r = 14
pow(x, y[, z])	pow(x, y) 回傳 x 的 y 次方 pow(x, y, z) 回傳 x 的 y 次方 % z pow(3, 4) 回傳 81，pow(3, 4, 5) 回傳 81 % 5 = 1
round(x[, y])	回傳 x 四捨六入後的值。y 是小數位數，若不指定 y，表示取整數 round(3.14159) 回傳 3 round(3.14159, 3) 回傳 3.142

8.2 自訂函式

8.2.1 定義函式

自訂函式的使用包含函式的定義與呼叫。定義好函式後，才可以呼叫函式來執行，所以呼叫函式前，要先寫好函式的定義。定義函式的語法如下：

```
def 函式名稱(參數)：
    函式主體
```

- def 是保留字，是定義（define）的意思。
- 函式名稱是自訂的，命名規則與變數命名一樣，只能用英數 _，不能數字開頭，不可使用保留字，最好能「見名知意」，也就是看見名稱，就知道它的意思。
- 小括號 ( ) 裡可加入參數，也可無參數。若有多個參數，需以逗號 , 隔開。
- ( ) 後需加冒號：，所以函式主體需縮排，函式主體是函式的程式碼。

例如：定義一個函式 sayhello() 如下，此函式會輸出一行 Hello Python!。

```
                函式名稱    參數
保留字 ——— def sayhello() :
              print('Hello Python!') ——— 函式主體
```

定義好函式後，使用函式名稱 sayhello()，就可以呼叫定義好的函式來執行。

如果函式執行時，<u>有回傳值</u>傳給呼叫的函式，函式主體就需有 return（回傳）敘述；若無回傳值，就不需有 return 敘述。

8.2.2 函式回傳值

1. 無回傳值

    若函式僅單純執行某一項工作後就結束，就不需回傳值給呼叫的函式，函式主體就沒有 return 敘述。

    如下例，sayhello() 函式只輸出字串，並無回傳值。若要輸出 3 行 Hello Python!，只要呼叫此函式 3 次即可。

```
def sayhello():                    #定義函式sayhello()
    print('Hello Python!')         #函式主體，無回傳值，沒有return敘述

sayhello()                         #呼叫函式
sayhello()
sayhello()
```

此程式呼叫函式運作的過程如下（圖 8-1）：

```
def sayhello():
    print('Hello Python!')


sayhello()
sayhello()
sayhello()
```

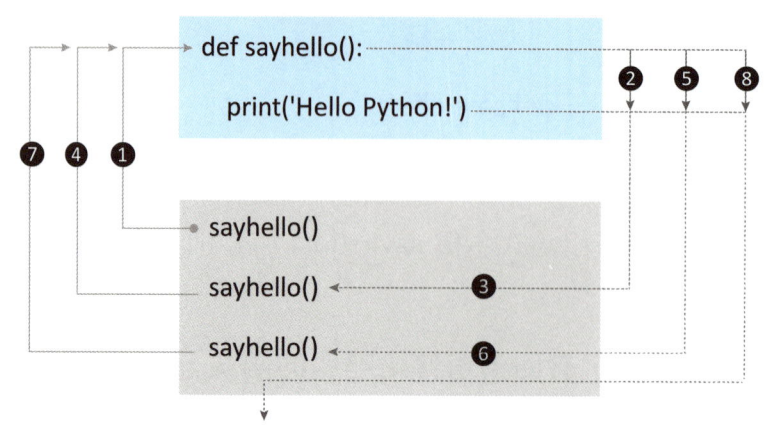

圖 8-1 程式呼叫函式運作的過程

2. 有回傳值

有回傳值之函式主體內需有 return 敘述，將值回傳給呼叫的函式，呼叫的函式名稱前要有一個變數，接收 return 回傳的值。

如下例，先定義函式 plus(a, b)，此函式有 a, b 兩個參數，且會回傳兩數之和，所以函式主體內有敘述 return a + b。

定義好函式後，呼叫 plus() 函式時，要提供 2 個參數給函式，如 6 和 10，並在呼叫的函式名稱前，使用變數 s 接收回傳值。函式執行完後，會回傳 16 給變數 s。

```
def plus(a, b):              #定義函式plus(a,b)
    return a + b             #回傳兩數之和a+b給呼叫的函式

s = plus(6,10)       #呼叫函式，將6,10傳給a,b。執行函式後，回傳16給s
print(s)
```

以下追蹤程式的執行（圖 8-2）：

1. 執行第 1～2 行，定義 plus() 函式。函式定義階段不會執行函式，只檢查語法是否正確。

2. 執行第 3 行 s = plus(6, 10)。

   先執行等號 = 右邊,呼叫 plus(6, 10),將 6 傳給參數 a,10 傳給 b,等同 a = 6, b = 10,然後執行函式主體。

3. 執行函式主體,return a + b 會將 16 回傳(return)給 plus(6, 10)。

4. 執行完函式,回到呼叫函式處,plus(6, 10) 會是 16,再執行 =,將 16 指定給 s,s = 16,最後輸出 16。

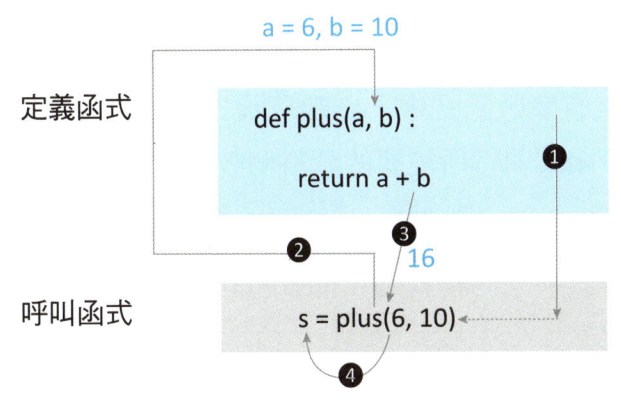

圖 8-2 函式定義與呼叫的過程

此函式呼叫與執行的過程如下(圖 8-3):

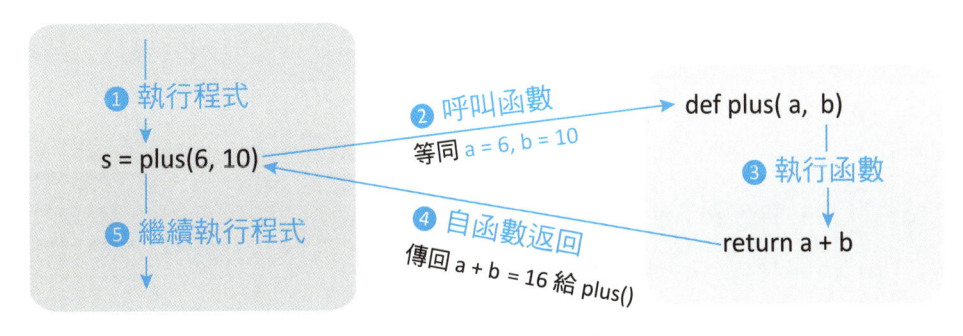

圖 8-3 函式執行的過程

關於函式,需注意:

1. 要「先定義函式,再呼叫函式」,也就是函式定義要寫在呼叫函式之前,如以下程式,程式由上而下執行,先執行第 1 行的 plus(6, 10),此時 plus() 尚未定義,程式並不認識 plus(),就會出現錯誤訊息 name 'plus' is not defined(名稱 'plus' 未定義)。

```
s = plus(6, 10)          #不能先呼叫函式,要先定義函式,再呼叫函式
def plus(a, b):
    return a + b
```

2. 函式主體內執行到 return 時,會立刻跳離函式,return 後若有其他敘述,都不會被執行。

8.2.3 函式參數

函式可以無參數或有參數。上例中,sayhello() 是無參數函式,plus(a, b) 則是有參數函式。在有參數函式中,參數是函式用來接收呼叫函式傳來的資料,參數個數取決於函式執行所需要的資料個數。

觀察下方 2 個程式,第 1 個程式輸出一個 * 三角形,第 2 個輸出一個 * 矩形,框框內是 2 程式共同的程式碼,都會在同一行連續輸出 *。

```
n = int(input())                          5
for i in range(n):                        *
    for _ in range(i+1):                  **
        print('*', end='')                ***
    print()                               ****
                                          *****
```

```
h, w = int(input())                       5
for i in range(h):                        7
    for _ in range(w+1):                  ********
        print('*', end='')                ********
    print()                               ********
                                          ********
                                          ********
```

這 2 個程式共同的程式碼可用函式,加以合併,定義一個 star(n) 函式如下:

```
關鍵字 ── def star(n):        函式名稱  參數
            for _ in range(n):              ── 函式主體
                print('*', end='')
```

start 是函式的名稱，() 內是函式的參數 n。函式是程式的一部份，定義好的函式不能單獨執行，必須透過其他程式呼叫，才能使用。

程式呼叫函式是透過函式名稱，並傳入參數的方式來進行，上述 2 個程式共同的程式碼，就可改成呼叫 star() 函式來執行。

```
n = int(input())
for i in range(n):
    start(i + 1)
    print()
```

```
h, w = int(input())
for i in range(h):
    start(w + 1)
    print()
```

兩程式分別使用 start(i + 1) 和 start(w + 1) 來呼叫 start(n) 函式，參數傳遞的方式如下圖，start(i + 1) 會將 i + 1 傳給函式的 n，等同 n = i + 1；同理 start(w + 1) 會將 w + 1 傳給 n，等同 n = w + 1。

```
函式 star(n)                    star(n)
          ▲                        ▲
     參數傳遞                   參數傳遞
     n = i + 1                  n = w + 1
呼叫函式 start(i + 1)         start(w + 1)
```

範例 8.2-1　整數的位數

寫一程式，使用自訂函式，輸入一個整數和指定的位數後，輸出此位數的值，例如：輸入 5678 和 2，輸出 7。

範例一：輸入	範例一：正確輸出
12345678 6	3

解題方法

1. 先定義一個函式 d，接收整數 n 和第 x 位數後，回傳該位數的值。

   主程式讓使用者輸入整數 n 和位數 x，以此 n, x 為參數，呼叫函式後，接收函式之回傳值後輸出。

2. 思考要如何設計函式 d(n, x)，以 n = 5678 為例

   第 1 位數，是 n % 10。

   第 2 位數，先去除個位數，n // 10 = 567，再取其除以 10 的餘數。

   第 3 位數，先去除前 2 位數，n // 100 = 56，再取其除以 10 的餘數。

   …………

   第 x 位數，先去除前 x 位數，n // 10 ** (x - 1)，再取其除以 10 的餘數。

   函式主體敘述：回傳 n // 10 ** (x - 1) % 10

3. 解題演算法可設計如下：

   定義函式 d(n, x)

   　　回傳 n // 10 ** (x - 1) % 10

   輸入 n, x

   輸出呼叫函式 d(n, x) 執行後的回傳值

程式設計

```
1 def d(n,x):                                #定義函式，接收參數n和d
2     return n // 10 ** (x - 1) % 10         #回第d位數的值
3
4 n, x = map(int, input().split())
5 print(d(n,x))                              #呼叫函式，接收回傳值後輸出
```

執行結果

```
987654321 8

8
```

```
10101010 5

0
```

8.2.4 變數範圍

變數是程式執行時，暫時存放資料的記憶體空間，具有時效性。變數範圍（scope）是指變數可被存取的程式區塊。Python 的變數範圍是根據函式定義決定的，並不是根據函式呼叫。依定義的位置，變數可分為：

1. 區域變數

函式內所使用的變數就是區域變數（local variables），顧名思義，區域變數的使用範圍僅限該函式內部，所以不同函式可以有相同的變數名稱。

區域變數僅在函式執行期間有效，函式執行結束後，這些變數就會被收回。如下例，區域變數 a, b 在 f1 內有效，區域變數 b 在 f2 內有效，兩個 b 名稱相同，但彼此獨立，互不影響。

```
def f1():
    a, b = 5, 6        # a,b是f1的區域變數，f1的b和f2的b無關
    print(a + b)       #輸出11
def f2():
    b = 1              # b是f2的區域變數，和f1的b無關
    print(a + b)       #×！f2不能使用f1的a

f1()
f2()
```

2. 全域變數

所有函式外部的變數就是全域變數（global variables），顧名思義，它的使用範圍是自定義後的整個程式，全域變數可在主程式或函式中使用。

當區域變數和全域變數相同時，會先去找區域變數的值，找不到，再去找全域變數。函式內要使用全域變數時，可使用 global 宣告使用某個全域變數。例如：

```
a = 0                   #定義一個全域變數a = 0
def f1():
    a = 1               #有一個區域變數a和全域變數a，先找區域變數的值
    print(a)            #輸出1
def f2():
    global a            #宣告使用全域變數a
    a = 2               #將全域變數a設為2
    print(a)            #輸出2
f1()                    #呼叫函式f1
print(a)                #目前的位置在全域，a是全域變數，所以輸出0
f2()                    #呼叫函式f2
print(a)                #輸出全域變數a，但a在f2內已被改為2，所以輸出2
```

所以上例會輸出四行整數 1 0 2 2。

關於變數的範圍，可參考下圖（圖 8-4），並注意以下幾點：

1. 函式定義的變數是區域變數，只在函式內有效，函式不能使用其他函式定義的區域變數。

2. 不同函式可以使用相同名稱的區域變數，例如：函式 f1 和 f2 內可以有相同的區域變數 a，但兩者各自獨立，互不影響。

3. 函式的參數是區域變數，例如：函式 f1 的參數 a2 只在 f1 有效。

4. 全域變數自定義開始，到程式結束前都可以使用，看似方便，但若區域變數名稱和全域變數相同，兩者容易造成混淆，甚至產生錯誤的結果，此類錯誤除錯難度高，所以應謹慎使用全域變數。

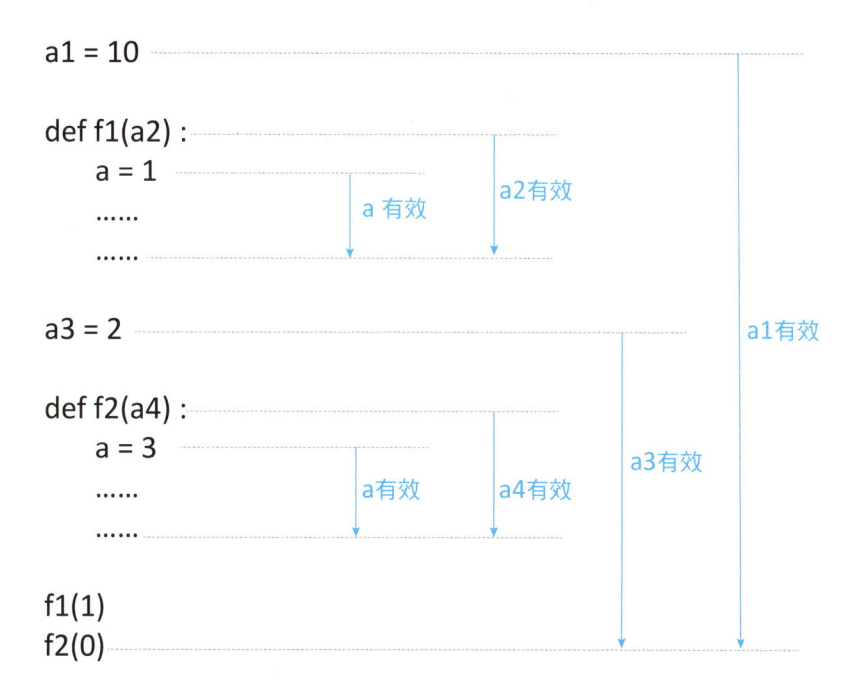

```
a1 = 10

def f1(a2) :
    a = 1
    ……
    ……

a3 = 2

def f2(a4) :
    a = 3
    ……
    ……

f1(1)
f2(0)
```

a 有效　a2有效　　　　a1有效

a有效　a4有效　a3有效

圖 8-4　變數的範圍

學習挑戰

一、選擇題

1. 下列何者可以實現程式的模組化？
   （A）函式　　　　　　　　　　（B）陣列
   （C）字串　　　　　　　　　　（D）指標

2. 執行 print(power(-5, 2))，輸出結果為何？
   （A）5　　　　　　　　　　　（B）-5
   （C）25　　　　　　　　　　 （D）-25

3. 執行 print(abs(-3))，結果為何？
   （A）-3　　　　　　　　　　 （B）-1
   （C）1　　　　　　　　　　　（D）3

4. 執行以下程式，結果為何？
   ```
   def f(a, b):
       return a + b
   s = f('6','10')
   print(s)
   ```
   （A）16　　　　　　　　　　　（B）610
   （C）0　　　　　　　　　　　（D）None

5. 執行以下程式，結果為何？
   ```
   x = 300
   def f():
       x = 200
       print(x, end = ' ')
   x = 100
   f()
   print(x)
   ```
   （A）200 100　　　　　　　　（B）300 200
   （C）200 300　　　　　　　　（D）200 200

二、應用題

1. 寫一程式，輸入一串用空白隔開的數字，檢查此串數字是否每個數都是質數，如果是，輸出 True，否則輸出 False。

   例如：輸入 2 3 5 7，輸出 True。輸入 2 12 17，輸出 False。

2. 平面座標上兩點 (a, b) 與 (c, d) 的距離 d = $\sqrt{(a-c)^2 + (b-d)^2}$，寫一程式，使用函式，輸入兩點座標後，能輸出兩點的距離。

   例如：輸入 0 0 3 4，$\sqrt{(0-3)^2 + (0-4)^2}$ = 5，輸出 5。

3. 若年利率為 r，存入本金 x 元，第 n 天後，存款變成 x (1 + r / 365)^n，寫一程式，能完成以下功能：

   (1) 輸入本金與天數後，能輸出存款變成多少？

   (2) 輸入第 n 天後的存款，能輸出要存入多少本金？

Hello！Python 程式設計

作　　　者：蔡志敏
企劃編輯：江佳慧
文字編輯：江雅鈴
設計裝幀：張寶莉
發　行　人：廖文良

發　行　所：碁峰資訊股份有限公司
地　　　址：台北市南港區三重路 66 號 7 樓之 6
電　　　話：(02)2788-2408
傳　　　真：(02)8192-4433
網　　　站：www.gotop.com.tw
書　　　號：AEL027900
版　　　次：2024 年 08 月初版
　　　　　　2025 年 07 月初版二刷
建議售價：NT$450

國家圖書館出版品預行編目資料

Hello！Python 程式設計 / 蔡志敏著. -- 初版. -- 臺北市：碁峰資訊, 2024.08
　　面；　公分
　　ISBN 978-626-324-850-2(平裝)
　　1.CST：Python(電腦程式語言)
312.32P97　　　　　　　　　　　　113009512

商標聲明：本書所引用之國內外公司各商標、商品名稱、網站畫面，其權利分屬合法註冊公司所有，絕無侵權之意，特此聲明。

版權聲明：本著作物內容僅授權合法持有本書之讀者學習所用，非經本書作者或碁峰資訊股份有限公司正式授權，不得以任何形式複製、抄襲、轉載或透過網路散佈其內容。

版權所有‧翻印必究

本書是根據寫作當時的資料撰寫而成，日後若因資料更新導致與書籍內容有所差異，敬請見諒。若是軟、硬體問題，請您直接與軟、硬體廠商聯絡。